非编码 RNA 生物学

马中良 主编

上海大学出版社
·上海·

图书在版编目(CIP)数据

非编码 RNA 生物学 / 马中良主编. -- 上海：上海大学出版社，2024.12
ISBN 978-7-5671-4738-6

Ⅰ.①非… Ⅱ.①马… Ⅲ.①核糖核酸-生物学 Ⅳ.①Q522

中国国家版本馆 CIP 数据核字(2023)第 099613 号

责任编辑　陈　露
封面设计　缪炎栩
技术编辑　金　鑫　钱宇坤

非编码 RNA 生物学

马中良　主编
上海大学出版社出版发行
(上海市上大路 99 号　邮政编码 200444)
(https://www.shupress.cn　发行热线 021 - 66135112)
出版人　余　洋

*

南京展望文化发展有限公司排版
江苏凤凰数码印务有限公司印刷　各地新华书店经销
开本 710mm×1000mm　1/16　印张 10　字数 160 千
2025 年 1 月第 1 版　2025 年 1 月第 1 次印刷
ISBN 978 - 7 - 5671 - 4738 - 6/Q·14　定价 68.00 元

版权所有　侵权必究
如发现本书有印装质量问题请与印刷厂质量科联系
联系电话: 025 - 57718474

《非编码 RNA 生物学》编委会

主　编：马中良

副主编：李艳利

编　委(按姓氏笔画排序)：

王显仪　刘小敏　刘　敏　许琳枫

杨芊芊　吴　凡　邵　杨　柴彬淑

郭子怡

前　言

一直以来癌症都是世界范围内的一个主要的公共卫生问题，是危害生命健康的重大疾病。研究人员希望通过人类基因组计划，解码人体基因的奥秘，以期找到治疗癌症的方法。人类基因组分析表明，仅有1‰~2‰的基因组序列具备蛋白质编码功能，很多序列不编码蛋白质。自第一个微小RNA lin 4在线虫中被发现以来，非编码RNA（non-coding RNA）在调控细胞，尤其是在癌症的发生发展方面的作用逐步被科学家揭示。

本书是配合上海大学本科高年级专业课《非编码RNA与肿瘤》而编写的。自课程开设以来选课学生众多，得到了同学们的充分认可。主讲老师在授课的同时，注意积累书稿的相关素材，并且将自身的科研成果以及国际上最新的研究成果融入其中，经过几年的努力，终于成稿即将面世。本书在出版过程中，得到了上海大学校级本科教材建设项目的资助。

本书的作者都是研究非编码RNA功能的科研人员，相关章节均由各位作者结合自己的科研心得撰写。全书共12章，分别从非编码RNA的生成、非编码RNA的功能以及非编码RNA的应用等几个方面来介绍非编码RNA在癌症中的调控作用。

本书既可以作为研究生或本科生的教材，也可以作为高级科普读物供感兴趣的读者使用。

编　者

2024年11月

目录
CONTENTS

第一章 非编码 RNA 的发现及其作用 / 1
    第一节 微小 RNA——microRNA 的发现 / 1
    第二节 非编码 RNA 种类及其在肿瘤中的调控作用 / 5
    第三节 从 RNA 到 RNA 药物——精准医疗下的 RNA / 10

第二章 非编码 RNA 的鉴定 / 13
    第一节 microRNA 的鉴定 / 13
    第二节 长链非编码 RNA 的鉴定 / 19
    第三节 circRNA 的鉴定方法 / 22

第三章 非编码 RNA 与肺癌 / 25
    第一节 miRNA 作为癌基因 / 27
    第二节 miRNA 作为抑癌基因 / 30
    第三节 信号通路的调控 / 33
    第四节 表观遗传学调控 / 35
    第五节 miRNA 与肺癌治疗中的耐药机制 / 36
    第六节 miRNA 在肺癌的诊断治疗中的应用 / 37
    第七节 结论与展望 / 41

第四章 circRNA 在卵巢癌中的作用 / 42
    第一节 circRNA 的功能与机制 / 42
    第二节 circRNA 在卵巢癌中的功能 / 51
    第三节 总结与展望 / 55

第五章　非编码 RNA 对肝癌的调控 / 58
第一节　肝癌和缺氧微环境 / 58
第二节　非编码 RNA 在肝癌中的调控 / 61
第三节　总结与展望 / 69

第六章　非编码 RNA 与胸腺肿瘤 / 71
第一节　miRNA 在胸腺肿瘤中的作用 / 72
第二节　lncRNA 在胸腺肿瘤中的功能 / 75
第三节　circRNA 在胸腺肿瘤中的功能 / 77
第四节　总结与展望 / 78

第七章　tRF 在肺癌与卵巢癌中的作用 / 80
第一节　tRF 的分子生物学 / 80
第二节　tRF 在肺癌与卵巢癌中的作用 / 83
第三节　总结与展望 / 84

第八章　非编码 RNA 在糖尿病中的作用 / 86
第一节　T2D 与炎症 / 86
第二节　非编码 RNA 与 T2D 相关炎症反应 / 88
第三节　总结与展望 / 92

第九章　miRNA 与 mTOR 信号通路 / 93
第一节　mTOR 通路的组成和作用 / 93
第二节　mTOR 信号通路与 miRNA / 96
第三节　miRNA/mTOR 通路与恶性肿瘤 / 99
第四节　总结和展望 / 101

第十章　非编码 RNA 与耐药 / 103

第一节　化疗耐药 / 103

第二节　靶向药物耐药 / 105

第三节　总结与展望 / 107

第十一章　精准医学下的非编码 RNA 与 EGFR、NF‑κB 信号通路 / 109

第一节　非编码 RNA 与 EGFR / 109

第二节　非编码 RNA 与 NF‑κB / 114

第三节　总结与展望 / 121

第十二章　非编码 RNA 应用举例：microRNA‑199a / 123

第一节　miR‑199a 的功能 / 123

第二节　miR‑199a 在肺癌中的作用机理 / 126

第三节　总结与展望 / 127

主要参考文献 / 129

第一章
非编码 RNA 的发现及其作用

第一节 微小 RNA——microRNA 的发现

一、microRNA 的特性、发现与命名

microRNA(miRNA)是一类由内源基因编码的长度为 18～23 个核苷酸(nucleotide,nt)的非编码单链 RNA 分子,它们参与生物体内的多种进程,如器官形态形成与改变、免疫系统发育、造血、新陈代谢、应激反应和细胞分化、增殖和凋亡等。miRNA 能在转录后水平调节基因表达,从而对细胞进行基础性调控。miRNA 具有高度保守性、序列同源性、时序性及组织特异性,这些性质与其功能密切相关。生物信息学数据显示,miRNA 至少能够调节 20%～30%的人类基因。单个 miRNA 能调节多达 100 个不同的 mRNA,并且数据显示有 1 000 个以上的 mRNA 受同一个 miRNA 的调控。miRNA 参与多种细胞进程的调控,如细胞增殖、凋亡、细胞周期和分化等。miRNA 异常表达调控与肿瘤、心脑血管疾病等多种重大疾病的发生有关。

Victor Ambros 实验室于 1993 年在秀丽隐杆线虫(*Caenorbabditis elegans*)中首次发现 miRNA,并将之命名为 lin-4,它是线虫发育时序的一个调控因子(图 1.1)。与此同时,Gary Ruvkun 的实验室鉴定了首个 miRNA 的靶基因。这两个重要的发现共同确认了一种新的转录后基因调控机制,lin-4 在 RNA 诱导沉默复合体(RNA induced silencing complex,RISC)中与靶基因 lin-14 的

mRNA 结合。RISC 位于 lin-14 mRNA 开放阅读框(open reading frame, ORF)的下游 3′非翻译区(3′-untraslated region, 3′-UTR)。然而，当时科学家们并未察觉 miRNA 的重要性。

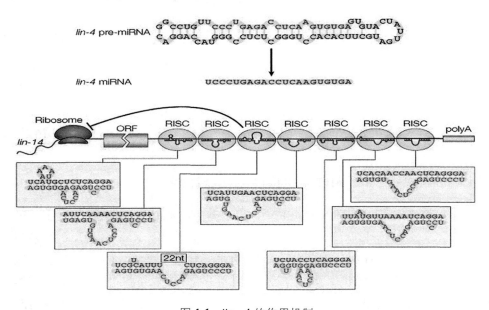

图 1.1　lin-4 的作用机制

时隔 7 年，当 2000 年 Reinhart 及其同事在线虫中鉴定出第 2 个 miRNA——let-7，以及 let-7 与当时已引起人们兴趣的另一类小 RNA——小干扰 RNA(small interfering RNA, siRNA)的关系时，科学家们才意识到 miRNA 的重要性，由此开启了一个全新的转录后基因调控时代。随后，在包括从线虫、果蝇到人类范围的多个物种中都发现了 let-7(图 1.2)，表明这些分子代表一个基因家族，由一个古老的祖先小分子 RNA 基因进化而来。

当实验人员开始对数量日益增多的 miRNA 进行克隆和测序时，建立一个对已公布 miRNA 进行命名、注释和分类的专业数据库变得日益迫切，于是 miRBase 数据库应运而生。miRBase 数据库(图 1.3)是 miRNA 序列和注释的主要在线储存库，供人们查询已收录 miRNA 的序列、基因组定位、前体的基因组织形式等相关信息。要建立数据库首先需对 miRNA 进行系统命名。

第一章 非编码 RNA 的发现及其作用

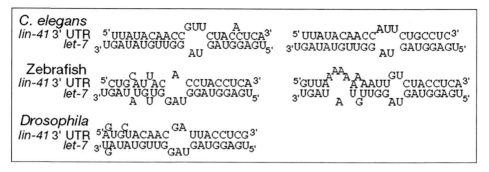

图 1.2　let-7 的保守性

C. elegans：线虫；Zebrafish：斑马鱼；*Drosophila*：果蝇

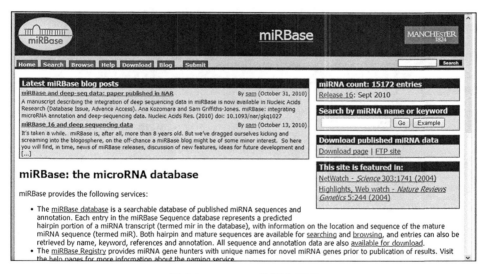

图 1.3　miRBase 数据库界面

　　miRNA 成熟体的命名格式为：XXXX-miR-YYYY。"XXXX"代表由 3 至 14 个字母组成的物种代码，"YYYY"是顺序的数字识别号，例如 hsa-miR-21。对于高度同源的 miRNA，则在其数字识别号后加上英文小写字母加以区分，如 hsa-miR-34a、hsa-miR-34b 等。由不同转录本加工而成的具有相同成熟序列的 miRNA，则在其后加上阿拉伯数字以示区别，如 hsa-miR-519a-1、hsa-miR-519a-2。由于 miRNA 命名原则确定之前，lin-4 和 let-7 已被广泛接受，因此保留原名。

3

二、miRNA 的生成与作用机制

在哺乳动物中，miRNA 的合成分别在细胞质和细胞核中进行（图 1.4）。在细胞核中，编码 miRNA 的基因首先在 RNA 聚合酶Ⅱ的作用下，产生初始 miRNA(pri‐miRNA)。然后，在 Drosha 核酸酶及狄乔治综合征关键区基因 8(DiGeogre syndrome critical region gene 8，DGCR8)组成的复合体作用下，pri‐miRNA 被剪切成长度为 70～100 个 nt、具茎环结构的前体 miRNA(pre‐miRNA)。pre‐miRNA 被 Ran‐GTP 依赖的转运蛋白 Exportin‐5 特异性识别后从细胞核运送到细胞质内。

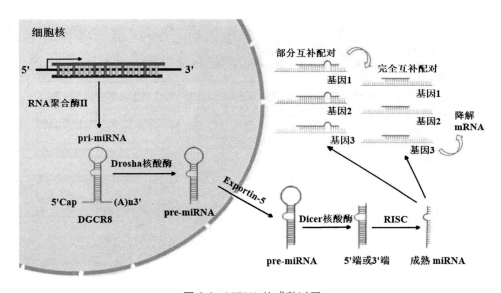

图 1.4　MiRNA 的成熟过程

随后，pre‐miRNA 在细胞质中被 Dicer 核酸酶切除末端茎环结构，并在双链 RNA 结合蛋白 Loquacious 的辅助下，释放出约 22 个碱基对(base pair, bp)的 miRNA∶miRNA*（*两条链中非成熟 miRNA 的那条链）双体之后，成熟的 miRNA 进入 RISC 并参与形成非对称 RISC 复合物(asymmetric RISC assembly)。成熟的 miRNA 单链与靶 mRNA 的 3′‐UTR 上的同源序列结合，阻碍翻译的继续或引起 mRNA 降解（少数情况下），从而发挥广泛的生物学作用。双体中只有一条链能结合至 RISC 上形成成熟的 miRNA，另一条链则被降解。两条链形成成熟 miRNA 的机会是不均等的,这与它们的稳定性不同密切相关。miRNA：miRNA* 双螺旋中两条链并非完全配对,每条链的 3′ 端均有 2 个游离的核苷酸,但 miRNA 链上靠近 5′ 端有一个不与 miRNA* 配对的小突起,它明显减弱了 miRNA 5′ 端的稳定性。由于成熟 miRNA 的产生总是偏向于选择不稳定的 5′ 端,因此 miRNA 链被选中的概率远高于 miRNA* 链。

miRNA 对靶基因调控主要通过与 mRNA 的 3′-UTR 互补配对来实现。若互补程度高,则降解靶 mRNA;但在多数情况下,miRNA 与靶 mRNA 为不完全互补配对,抑制其转录后的翻译,而 mRNA 水平无显著变化。2010 年,Khraiwesh 等对 miRNA 的转录后调控机制做了更为深入的阐明。他们在小立碗藓（*Physcomitrella patens*）中研究发现,Dicer-like1a 基因编码的 DICER-LIKE1a 蛋白促进 miRNA 成熟,而基因 Dicer-like1b 编码的 DICER-LIKE1b 蛋白并不负责 miRNA 的成熟,控制 miRNA 对靶位的调控作用。一旦 DICER-LIKE1b 蛋白突变,将加剧 miRNA：靶 mRNA 双链形成,导致编码靶 mRNA 的基因超甲基化,最终导致基因沉默,这些靶序列的转录率急剧降低。另有研究发现,miRNA 与靶 mRNA 识别过程中,miRNA 5′ 端的 4~8 位碱基在与靶 mRNA 的结合中比 3′ 端序列更为重要,这段序列被称为种子序列（seed sequence）,它在 miRNA 和靶 mRNA 配对中起十分关键的作用。由于大多数 miRNA 抑制基因的功能依赖于部分序列互补,单个 miRNA 能靶向多个 mRNA,而多个 miRNA 也能同时作用于一个 mRNA,从而在不同的组织和细胞中协同调节基因的表达强度。所以,miRNA 可能对蛋白质编码基因具有广泛的微调作用。miRNA 的发现改变了后基因组时代对基因调节的认识和理解。

第二节　非编码 RNA 种类及其在肿瘤中的调控作用

人类基因组分析表明,人体内虽有大量转录物产生,但仅有 1%~2% 的基因组序列具备蛋白质编码功能,不具备蛋白质编码能力的非编码区含量竟高达 98% 以上,暗示着生物体内有大量非编码 RNA 产生并发挥作用。非编码

RNA根据其分子链长度和性质可进一步分为小于200 nt的短链非编码RNA(small non-coding RNA, sncRNA), 大于200 nt的长链非编码RNA(long non-coding RNA, lncRNA)和环状RNA(circular RNA, circRNA)。sncRNA主要包括miRNA、tRNA来源的片段(tRNA-derived fragment, tRF)、核内小RNA(small nuclear RNA, snRNA)、核仁小RNA(small nucleolar RNA, snoRNA)等。下面介绍目前研究比较集中的几种非编码RNA在肿瘤中的调控作用。

一、调控功能的非编码RNA

1. miRNA

miRNA参与多种细胞进程的调控,如细胞增殖、凋亡、细胞周期和分化等。miRNA既可作为抑癌基因下调原癌基因活性,也可作为癌基因下调抑癌基因活性,还可调节肿瘤相关基因的表达,其自身突变、缺失、易位及相互调控异常等还可导致相关基因异常表达。研究表明,常见miRNA在人类多种肿瘤中表达的改变,与肿瘤的发生、发展、诊断、治疗及预后密切相关(表1.1)。

表1.1 miRNA与肿瘤

miRNA	肿瘤	表达量
miR-34a, miR-665, miR-425-5p, miR-657	非小细胞肺癌	↑
miR-451, miR-195-5p, miR-100, miR-7-5p, miR-139-5p	非小细胞肺癌	↓
miR-21, miR-9, miR-29a, miR-10b, miR-210	乳腺癌	↑
miR-365, miR-30, miR-34, miR-146a, miR-195	乳腺癌	↓
miR-155, miR-18a, miR-106a-5p	鼻咽癌	↑
miR-145, miR-34b, miR-34c, miR-30a-5p, miR-449a	鼻咽癌	↓
miR-25-3p, miR-21, miR-19b-3p	食管癌	↑
miR-30b, miR-124, miR-203, miR-625, miR-630	食管癌	↓

续 表

miRNA	肿 瘤	表达量
miR-142-3p,miR-141,miR-21,miR-17,miR-152-3p	结肠癌	↑
miR-145,miR-195-5p,miR-186-5p	结肠癌	↓
miR-186-5p,miR-483-5p,miR-200c,miR-141	前列腺癌	↑
miR-516a-3p,miR-100-5p,miR-411-5p,miR-26a-5p	前列腺癌	↓
miR-21,miR-92,miR-378a-3p,miR-29a-3p	卵巢癌	↑
miR-21-3p,miR-155-5p,miR-15b-5p、miR-25-3p	肝癌	↑
miR-122,miR-199a-3p,miR-23b-3p,miR-30a-5p	肝癌	↓
miR-21,miR-106a,miR-17-5p,miR-421,miR-205-5p	胃癌	↑

↑表达量增加；↓表达量下降。

在非小细胞肺癌(non-small cell lung cancer,NSCLC)中,研究证明miR-486-5p,miR-25家族以及miR-34a等对肿瘤的发生、发展具有重要影响,并且彼此存在相互协调作用。同时,miRNA与lncRNA之间也存在相互作用。

2. tRF

tRF是一类非编码单链RNA,长度为14～35 nt,在特定环境中能够从tRNA的3′或者5′端断裂得到。一些tRF在反密码子环剪切酶的作用下从成熟的tRNA断裂得到,长度为30～35 nt,因此被称为tRNA半分子。剩下的tRF则被分为3′ U tRF、3′ CCA tRF和5′ tRF。3′ U tRF通常是指tRNA在核内成熟过程中由tRNA酶和RNA酶P剪切得到,并被运输到细胞质内。而3′ CCA tRF和5′ tRF则是由Dicer酶和血管生成素从成熟tRNA上剪切得到。

最新研究表明,tRF可能是一类新的基因表达调控因子,其发挥作用的机制多样,如某些tRF以miRNA方式抑制mRNA翻译；某些tRF作为逆转录病毒RNA基因组的逆转录引物；而某些tRF参与了前体rRNA剪切复合物的组装。此外,细胞受胁迫产生的带有多聚鸟苷酸序列的tRF则会竞争性抑制延伸因子eIF4G与mRNA的结合,从而抑制蛋白质翻译。

研究表明,tRF在NSCLC及NSCLC患者血清样本中的表达上调,并且

tRF-Leu-CAG 在序列上与 miR-1251-5p 具有一定的相似性,是一种类似 miRNA 的非编码 RNA,它可以促进 NSCLC 增殖及细胞周期的进程,其结果预示着在不久的将来,tRF 具有作为 NSCLC 诊断及治疗过程中重要标志物和药物靶位点的潜在可能。

3. lncRNA

lncRNA 是长度大于 200 nt 的非编码单链 RNA 分子,lncRNA 参与了染色质修饰、基因表达调控、转录激活、转录干扰、核内运输等多种重要的生物过程,调控细胞凋亡、肿瘤迁移及药物抗性等,如表 1.2 所示。lncRNA 通过与多种生物分子相互作用来达到调控目的,包括 DNA、RNA 和蛋白质。

表 1.2　lncRNA 与肿瘤

lncRNA	肿瘤	表达量
lncRNA TMPO-AS1, lncRNA RMRP, lncRNA CASC11, lncRNA UCA1	膀胱癌	↑
lncRNA PVT1, lncRNA MIR22HG, lncRNA AFAP1AS1	食管腺癌	↑
lncRNA HOTAIR, lncRNA SNHG8, lncDSCAM-AS1, lnc01094	乳腺癌	↑
lncGas5, lncZFAS1, lncRNA PCAT19	乳腺癌	↓
lncRNA MALAT1, lncRNA-XIST, lncRNA DUXAP8	非小细胞肺癌	↑
lncRNA MEG3, lncRNA RCA1, lncRNA BANCR	非小细胞肺癌	↓
lncRNA SPRY4-IT1, lncRNA PVT1, lncRNA H19	黑色素瘤	↑

↑表达量增加;↓表达量下降

最新的研究颠覆了传统研究对 lncRNA 的定义。Nelson 等从人类心脏细胞中鉴别出了一种从前未知的小蛋白-DWORF(dwarf open reading frame),证实其在心肌收缩中起着至关重要的作用。而研究同时显示,这一蛋白是由以往认定为非编码 RNA 的一种 lncRNA 所生成的,即 myoregulin,且该 lncRNA 在骨骼肌中特异性表达。这表明可能生物体内还存在许多其他的发挥重要生物学功能的"非编码"片段。

lncRNA 由于其长度的特殊性,能够同时与 mRNA 和 miRNA 结合,对两者都起到基因沉默的作用。目前的研究显示其生物学机制极其复杂,甚至可以编码蛋白,因此 lncRNA 可能会作为其他非编码 RNA 相互作用的桥梁。

4. circRNA

circRNA 功能也是多样的,它们不仅可以影响转录本的剪接,也可以调控某些 mRNA 的翻译过程,还可以调节亲本基因的表达。近来也发现,circRNA 在人类上皮细胞向间质细胞转化的过程中扮演了重要角色。此外,circRNA 作为 miRNA 海绵,抑制 miRNA 发挥功能,从而具有调节基因表达水平的能力,是近年来所关注的一个热点之一。

Ghosal 等通过基因聚类分析(GO),分析了 miRNA - circRNA 相互作用相关疾病的蛋白编码基因位点,检测了与特殊生理过程相关的基因富集。结果在 90 多种疾病中发现了 mRNA 基因富集,其中有 12 个与口腔癌 DNA 损失刺激相关的基因,22 个与光刺激相关的基因,43 个与乳腺癌细胞周期相关的基因,68 个与胃癌相关的基因,还有 194 个基因与宫颈癌相关。除此之外,在恶性黑色素瘤细胞系中,circRNA 海绵由于含有数个 miRNA 反应元件(miRNA response element,MRE)表现出优于线性海绵的抗癌效果。随着天然环化 circRNA 的发现,RNA 环可能更适用于作为 miRNA 抑制剂载体。基于这样的大背景,circRNA 在相关研究领域内被认为是最合适的早期诊断标志物之一。

二、非编码 RNA 间的协调作用

tRNA 在人体中的含量丰富,占到所有 RNA 的 15%。大量的研究显示,tRNA 在压力环境下会断裂产生小分子片段,即 tRF。目前关于 tRF 生物学功能的研究尚处于起步阶段,比较明确的是 tRF 与 RNA 沉默和 Ago 家族蛋白有着密切关联,同时在序列和结构上与 miRNA 具有一定的相似性。至于 tRF 与癌症之间的联系,文献证明 tRF 能够通过 YBX1 调控乳腺癌的发生发展。

lncRNA 作为典型的非编码 RNA,它既能与 mRNA 结合,同时也能与 miRNA 结合,对两者都有基因沉默的功能。有最新的文献显示,lncRNA 的生物学功能可能与传统研究有所出入,它在生物体内具有编码蛋白质的相关作用。由于 circRNA 对核酸酶不敏感,所以比线性 RNA 更为稳定,这使得

circRNA 在作为新型临床诊断标志物的开发应用上具有明显优势。circRNA 可以间接通过影响 miRNA 通路中的效应分子来调控基因的表达，从而在不同物种中起到 miRNA 海绵的作用。这说明 circRNA 可能通过竞争性结合疾病相关的 miRNA 在疾病调控中发挥着非常重要的作用。

　　miRNA、tRF、lncRNA 以及 circRNA 之间存在一定的相互联系（如图 1.5），它们通过之间的相互调控对肿瘤的发生发展发挥重要的作用，这也是将来肿瘤研究的重点与热点所在，为肿瘤的诊断与治疗提供新的研究方向。

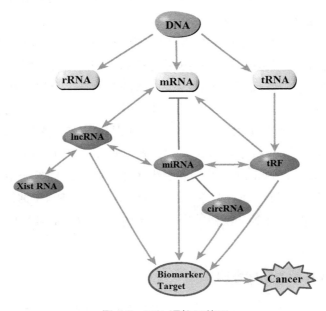

图 1.5　RNA 调控网络图

第三节　从 RNA 到 RNA 药物——精准医疗下的 RNA

　　现代医疗技术的发展正逐步揭示着各种疑难杂症的发生发展机制。以癌症为例，目前普遍的研究观点认为癌症属于"基因疾病"。随着二代测序技术及人类基因组计划的推进,针对癌症的治疗方案已逐步走向精准治疗时代,在这样的背景下,非编码RNA在其中扮演的角色正日趋受到重视。

tRNA被普遍认为是基因表达的重要因素之一。研究显示,基于二代测序技术可以发现一些特定的tRNA在人类乳腺癌细胞中呈现上调趋势,并且能够促进其转移。结果表明,$tRNA^{Glu}UUC$和$tRNA^{Arg}CCG$能够作为乳腺癌细胞转移的驱动者。此外,$tRNA^{Glu}UUC$能够通过上调外泌体组分2(exosome component 2,EXOSC2)和谷氨酸受体相互作用蛋白1相关蛋白1(glutamat receptor interacting protein 1 associated protein 1,GRIPAP1)的表达量来促进乳腺癌细胞的转移进程。由此可见,tRNA可以作为基因表达的调控因子,同时tRNA的密码子可以特异性地影响疾病的进程。

tRF是tRNA在压力环境下断裂产生的小分子片段,作为一类发现历史较短的小RNA,关于它的功能研究目前尚属起步阶段,对于这些小分子RNA下游的靶基因还知之甚少,同时由于其在结构和功能上与miRNA的相似性,曾经一度被定义为miRNA中的一类。进一步探索这些作用机制将会极大地促进人们对于tRF的认识,使目前对于非编码RNA的研究更为充实、更加完整,也能更加全面地展示生物体调控机能的多样性。此外,tRF的产生与环境压力密切相关,对肿瘤微环境具有较高的敏感性,因此具有成为诊断标志物的极大可能性。

miRNA作为目前研究最为成熟的单链小分子RNA,已被证明与各种肿瘤的发生发展有密切的联系。它可以通过调控基因表达和参与信号通路来直接或间接地促进或抑制肿瘤的增殖、侵袭、转移和凋亡,具备成为癌症的诊断标志物及治疗药物的特点。例如,miR-34a由于其在肺癌、乳腺癌和肝癌等癌症中的强大作用,以及其与表皮生长因子(epidermal growth factor receptor,EGFR)、B细胞淋巴瘤-2基因(B cell lymphoma-2,Bcl-2)、细胞周期蛋白D1(cyclin D1,CCND1)等功能强大的靶基因具有紧密的相互作用,被认为是最有可能成为诊断标志物及靶向药物的miRNA之一。目前miR-34a作为肿瘤药物已经进入三期临床。马中良等研究证实EGFR是miR-34a的直接靶基因,EGFR突变是肺癌的关键驱动基因,为药物开发提供了新的思路。

相比其他种类的RNA,目前针对miRNA的研究时间最长,研究机制最透彻,在多条重要的信号通路中都发现有大量的miRNA参与其中,其丰富的生物学功能势必将在精准医疗的研究中扮演重要角色。

随着精准医学的推进及开展,非编码 RNA 作为 RNA 中的重要大类,其与各种疾病的关系将会成为研究的重点。可以预期的是,基于 RNA 的治疗手段将会在未来的临床医学治疗中扮演重要的角色。

目前人们发现的 RNA 虽然很多,但是科学家相信仍然有许多其他形式的 RNA,存在一个 RNA 世界(RNA world)。RNA 研究的不断深入将有助于人们认识遗传信息的传递过程及生物进化的过程,更多未知的领域等待我们去探索。

第二章 非编码 RNA 的鉴定

第一节　microRNA 的鉴定

lin-4 和 let-7 是最早明确的 microRNA(miRNA)，是通过遗传学方法发现的。由于早期的遗传学方法对于识别 miRNA 来说效率太低，不能成为发现和鉴别 miRNA 的主要方法。miRNA 在生物体内发挥重要的调控作用，人们正尝试着利用各种各样的方法在多种生物体内寻找 miRNA。目前识别和鉴定 miRNA 的方法主要有以下几种。

一、实验方法识别 miRNA

1. 富集 miRNA 的 cDNA 文库法

目前主要有两种构建富集 miRNA 的 cDNA 文库的方法。第一种方法是将一个组织中的全部 RNA 经变性聚丙烯酰胺凝胶电泳分离，回收长度为 19～25 nt 的 RNA 小片段，随后在这些小片段 RNA 的 3′和 5′端连上接头，逆转录后用与接头对应的引物进行 PCR 扩增，随后将这些片段克隆至载体以构建 cDNA 文库，并对其每一个克隆进行测序。第二种方法是利用 15% 变性聚丙烯酰胺凝胶电泳从总 RNA 中分离出 16～28 nt 的 RNA 小片段后，用 poly(A) 聚合酶在小片段 RNA 的 3′端进行多聚腺苷酸化反应。逆转录得到 cDNA 后，再在 cDNA 的 3′端进行多聚鸟苷酸化反应，随后进行 PCR 扩增，最后克隆建立 cDNA 文库并对克隆进行测序。随着科技的发展,测序技术也不断进步,例如 Lu 等人利用大规模平行标记测序(massively parallel signature sequencing,MPSS)技术对小片段 RNA 进行高效测序,从而改进目前对单个克隆的测序。

2. 基因芯片法

嵌合基因芯片使用高浓度探针体系,几乎可以覆盖基因组中的每一个核苷酸。这个转录分析体系能够识别新的转录物,包括 miRNA 前体序列。然而嵌合基因芯片法对于 miRNA 分析不是最佳的方法,因为大多数的探针可能不能与 miRNA 或 siRNA 序列配对。目前许多探针和微阵列都是特别为检测已知的 miRNA 而设计,包括将 miRNA 序列用连接序列连接于微阵列,而这些连接序列在基因组中是无同源性的。这些 miRNA 基因芯片可以用于检测特殊的序列,也可以用于确定 miRNA 在不同组织和不同物种间的表达情况,以及分析与它们对应的靶序列的表达模式。

二、生物信息学方法识别 miRNA

目前,人们依据已知 miRNA 的特征信息及其对靶分子的作用方式建立了多种 miRNA 的计算机识别方法。

1. 利用序列和结构的保守性搜索 miRNA

利用 miRNA 序列和结构的保守性在全基因组范围内搜索 miRNA 是最常用的搜索方法,即通过对 miRNA 及其成熟序列的一级和二级结构保守性分析寻找新的候选分子。一些实验室通过同源性搜索,即利用 miRNA 在相关物种中的保守性开发设计软件搜索相关物种中的同源分子,也有一些实验室通过研究和总结 miRNA 的二级结构特征设计软件搜索新的 miRNA 候选分子。

一种典型的利用同源性搜索的软件是 srnaloop,由哈佛大学医学院的 Grad 等利用 miRNA 的序列保守性和结构相似性设计的,在线虫基因组中搜索到了 214 个可能的 miRNA 基因。Srnaloop 是一个类似于 BLAST 的应用程序,相比于 BLAST,srnaloop 支持更短的片段并排列成互补的碱基对(包括 G-U 配对)。从 srnaloop 网站可获取该软件详细信息并下载。一些实验室也开发了依赖比对在基因组中识别已知 miRNA 同系物的方法,它们可以在序列和结构层次与已知 miRNA 进行比对寻找新的 miRNA。Wang 等人开发了一种依靠序列和结构比对来寻找动物中的 miRNA 的计算机方法 MiRAlign,

它比起之前的同源性搜索来说有两个主要的特点：一是它能找到相对较远的同系物；第二，该软件考虑到更多的序列保守性特点。另外，Nam 等开发的 ProMiR 是一种 miRNA 序列和结构的统计学联合软件，是一般 miRNA 预测方法的补充，可以识别亲缘关系近或远的同系物。它可以在人类基因组中搜索无论强或弱的保守的茎环结构。ProMiR 成功的检测到了与已知 miRNA 基因不同的新的 miRNA 基因，经过 RT-PCR 的验证，人们发现这些新的 23 个基因中有 9 个（39%）能够在海拉（HeLa）细胞中表达。Nam 等开发了 ProMiR 的升级版 ProMiR Ⅱ，它整合了更多的 miRNA 特征，如自由能数据库、G/C 比例、保守性得分、候选序列熵值等。

MiRscan 是由 Lim 等依据与已知 miRNA 相似性开发、设计的。该软件分别在线虫和人类中预测了 35 个和 107 个新的 miRNA，并且其中一些都经过了实验验证。此软件需要先经过两种线虫 *C.elegans* 和 *C.briggsae* 中已经确认的 miRNA 的驯化，再利用其他发夹结构与这个驯化体系的相似性寻找这两个物种中其余的 miRNA。加利福尼亚大学的 Lai 等开发的 miRseeker 不仅利用序列的保守性，还利用 miRNA 特殊的保守模式，例如发夹结构的茎比环状序列更加保守等信息来识别 miRNA。常用 miRNA 预测软件见表 2.1。

表 2.1 常见的 miRNA 预测软件

软件名称	适用物种	网址
PalGrade	人	—
miRscan	线虫	http://genes.mit.edu/mirscan
srnaloop	线虫	http://arep.med.harvard.edu/miRNA/pgmlicense.html
miRseeker	果蝇	http://www.fruitfly.org/seq_tools/miRseeker.html
findMiRNA	拟南芥	http://sundarlab.ucdavis.edu/mirna
miR-abela	动物	http://www.mirz.unibas.ch/cgi/pred_miRNA_genes.cgi

续 表

软件名称	适用物种	网址
BayesMiRNAfind	动物	https://bioinfo.wistar.upenn.edu/miRNA/miRNA
ProMiR II	动物	http://cbit.snu.ac.kr/~ProMiR2
RNAz+RNAmicro	动物	http://www.tbi.univie.ac.at/~jana
Microprocessor SVM	动物	https://demo1.interagon.com/miRNA
ERPIN	动植物	http://tagc.univ-mrs.fr/erpin
MiRAlign	动植物	http://bioinfo.au.tsinghua.edu.cn/miralign/
microHARVESTER	植物	http://www-ab.informatik.uni-tuebingen.de/software
MIRFINDER	植物	http://www.bioinformatics.org/mirfinder
Vmir	病毒	http://www.hpi-hamburg.de/forschung/abteilungen-forschungsgruppen/zellulaere-virusabwehr/software-download.html

2. 利用靶序列的保守性识别 miRNA

利用同源性搜索 miRNA 主要是在相近物种间搜索同源的 miRNA。如果想要找出未曾发现的新 miRNA 就必须采用其他搜索策略,例如利用靶序列的保守性搜索 miRNA。在生物体内,多个 miRNA 可能作用于同一个 mRNA 靶分子;另一方面,同一个 miRNA 也可能调控多个靶分子的表达。目前,一些实验室利用靶序列潜在的保守性作为识别 miRNA 的一个重要的依据。在成熟 miRNA 中,5′端区域 2~8 位置的 7 nt 被称为种子序列,它们在与靶 mRNA 结合中起着重要的作用。通过基因组系统比较分析法,Xie 等人在 mRNA 的 3′-UTR 区发现了 106 个保守的基序,其中 72 个基序(motif)与大约一半的已知 miRNA 的 5′端相结合组成 6~8 bp 的种子双螺旋。根据这一结果,他们使用 mRNA 上完整的保守基序在人类中预测到了 129 个新的 miRNA。同样的靶序列预测 miRNA 方法也应用到了拟南芥、果蝇和线虫中。

三、miRNA 的实验验证

miRNA 的验证是 miRNA 鉴别工作中的一个瓶颈,因为 miRNA 表达量较低,而目前的验证方法又不够灵敏。一般来说,计算机搜索获得的 miRNA 如果被证明存在大约 22 nt 的成熟序列表达就可被认为是真正的 miRNA。一般验证 miRNA 的方法主要可以分为两类:能够确定成熟 miRNA 精确末端的方法和能证明其表达但不能识别其精确末端的方法。

miRNA 检测是一种检测生物体内 miRNA 表达情况的技术,检测 miRNA 的表达丰度,对疾病的诊断和治疗具有一定的意义。目前用于验证 miRNA 的实验方法主要介绍如下。

1. **依赖杂交的实验方法**

这类方法首先需要根据预测的 miRNA 的成熟序列设计探针,这些特殊标记的探针可用于 Northern 杂交分析、引物延伸、基因芯片分析和原位杂交等方法验证 miRNA 的表达。Northern 杂交法是目前验证 miRNA 表达应用最广泛且有效的方法,它能够提供所预测 miRNA 的分子大小和表达信息。该方法通过将 RNA 变性及电泳分离后,将其转移到固相支持物上,从而用于杂交反应。Northern 杂交不仅能够灵敏检测出 RNA 的丰度,还能结合 RNA marker 来检测 RNA 的分子大小,这对于排除其他小分子 RNA 的污染有重要意义。Northern 杂交也可用作 miRNA 的定量分析,只需将已知浓度梯度的寡核苷酸对照物与待测样品进行平行杂交即可。引物延伸分析法能够确定 miRNA 的 5′端,可作为 Northern 杂交的补充。这种方法所用的引物比所预测的 miRNA 少几个核苷酸,它被杂交至 RNA 样品上,并以 RNA 为模板经逆转录酶延伸,最后通过凝胶电泳检测延伸产物,但是通过这种方法只能识别 miRNA 的 5′端。这种引物延伸法的相反的策略是为了研究已知 miRNA 的表达模式所设计的,但是它可以高产量的确定所预测 miRNA 的 3′端。在这种方法中,RNA 在微阵列上与探针杂交,并作为引物经 Klenow 酶延伸,引物能延伸的 RNA 即为表达的候选 miRNA。

2. **依赖克隆的实验方法**

依赖克隆的实验方法主要有依赖 PCR 的定向克隆法和依赖杂交的定向克隆法。依赖 PCR 的定向克隆法使用一对引物,其中一个引物是能与 5′端接头互补的通用引物,另一个引物与 miRNA 的 3′区域相同,这样有利于从小 RNA 文库中扩增出特定的 cDNA 克隆。这种方法只能测定出 miRNA 的一个末端(5′端),它具有较高灵敏度但是当不知道 miRNA 成熟序列时却很难操作。实时荧光定量 PCR 法具有动态范围大、灵敏度高、序列特异性强等优点,已成为检测 miRNA 表达的常规和可靠技术。检测 miRNA qRT-PCR 包括 Taq-Man 探针法和 SYBR green 荧光染料法这两种荧光方法。而依赖杂交的定向克隆法是根据候选 miRNA 的序列设计探针,这些经生物素标记的探针与 RNA 样品杂交后经筛选出阳性克隆构建文库并进行测序。这个方法的优点是可以推测出成熟 miRNA 的完整序列。

一些实验室正在研究开发 miRNA 识别和鉴定的综合软件,将生物信息学预测、实验鉴定和表达验证相结合,更为有效和准确的预测 miRNA。例如,PalGrade 软件就是集合了生物信息学预测、基因芯片分析以及直接序列克隆为一体的综合的 miRNA 预测软件。PalGrade 由 Bentwich 等人开发,主要使用步骤如下:

(1) 通过计算机方法在整个人类基因组中搜索发夹结构;

(2) 注释保守的、重复的和蛋白质编码区域的发夹结构;

(3) 利用热力学稳定性和结构特征对每一个发夹结构打分,选出高分的已知的 miRNA 发夹和相对低分的基因组发夹;

(4) 通过 miRNA 基因芯片在不同组织(胎盘、睾丸、胸腺、大脑和前列腺)中测定计算机预测的 miRNA 的表达;

(5) 对于在基因芯片中显示出强信号的 miRNA 基因使用一种新的定向序列克隆和测序的方法进行验证。

科学家应用这种软件克隆和测序出 89 个新的人类的 miRNA,其中 53 个在灵长类动物中是不保守的。此外,英国著名的生物研究机构 Wellcome Trust Sanger 中心已建立了一个综合的 miRNA 信息网站,可方便研究者进行 miRNA 序列注册、归类、查询等操作。迄今为止,已有 4 361 个 microRNA 分子从植物、哺乳动物、果蝇、线虫及病毒中被鉴定,其数量大致相当于每一物种中蛋白编码基因的 2%(Registry Release 9.0,miRbase)。

3. miRNA 测序

miRNA-seq 是一种建库方法和数据处理上都稍有特殊的一种测序方

法。它的原理是首先提取短链 RNA，直接在 RNA 两端连接接头后建库，然后对所有小 RNA 进行一起测序，通过数据处理提取出其中潜在的 miRNA 并进行表达量分析。新一代高通量测序可以在一次测序中获得样本细胞中小 RNA 的序列信息，能够快速鉴定出不同组织、不同发育阶段、不同疾病状态下已知和未知的 miRNA 及其表达差异，为研究 miRNA 对细胞进程的作用及其生物学影响提供了有力工具。尤其能通过测序鉴别新的 miRNA，可以摆脱芯片依赖已知 miRNA 的局限，鉴定新的 miRNA。

第二节　长链非编码 RNA 的鉴定

由于长链非编码 RNA(lncRNA)的表达水平较低，对其进行识别和差异表达谱的分析是个难题。通常用于鉴定 lncRNA 的技术是微阵列和 RNA-Seq。

一、微阵列

微阵列被广泛用于基因表达分析，并且由于其低成本和数据分析的简单性，在已知转录物的表达谱分析中优于 RNA-Seq。基于探针设计，微阵列被细分为非平铺阵列和平铺阵列。非平铺阵列（准全基因组阵列）具有仅代表注释基因、外显子或剪接点的探针，可用于确定已知转录本的表达水平。对于平铺阵列，探针以重叠方式设计并覆盖整个基因组或基因组所需部分的长度。平铺阵列可用于基因组的注释和未注释区域，因此，可以使用这种方法鉴定新的转录本。在平铺阵列中，板上的相邻探针与基因组的重叠区域杂交，从而覆盖整个感兴趣的基因组区域。平铺微阵列的主要缺点，除了需要先验序列可用性外，还包括密切相关序列的交叉杂交和由于高信号饱和度而导致的灵敏度降低。因此，RNA-Seq 是 lncRNA 鉴定的首选方法，尽管存在与复杂数据集相关的高成本和分析问题。

二、RNA 测序（RNA-Seq）

高通量测序方法的发展提供了一种通过执行全转录组测序或 RNA 测序来量化转录组的方法。典型 RNA-seq 工作流程的主要步骤包括总 RNA 提取、RNA富集、文库制备和测序。对于RNA富集，可以使用寡(dT)引物进行polyA RNA选择/富集或核糖体RNA的消耗(rRNA消耗)。虽然polyA RNASeq是一种具有成本效益的技术，但在应用于lncRNA表达时，它约占一个物种内lncRNA总数的1/3。通过核糖体RNA(rRNA)消耗进行全转录组测序，该方法通常用于lncRNA的发现。在通过oligo dT或rRNA消耗富集RNA后，RNA被片段化(200~500 bp)，并且每个片段都连接一个接头，然后将RNA片段逆转录为cDNA。随后是高通量测序，这会产生来自两端(双端测序)或来自一端(单端测序)的短序列。测序后，处理得到的读数以获得每个基因的表达水平和/或转录结构。

三、链特异性 RNA-seq

如上所述的常规RNA-Seq不保留有关从给定RNA逆转录的DNA链的信息。鉴于反义和其他非规范RNA的优势，原始链信息可以显著增强测序实验中转录本的发现。例如，这些信息可以帮助识别有义和反义转录本，划定从两条链转录的相邻基因之间的界限，并确定非编码和编码重叠转录本的精确表达水平。链特异性RNA-Seq(strand specific sequencing, ssRNA-Seq)是RNA-Seq的一种形式，它保留了DNA链的身份(有义或反义)。在各种执行ssRNA-Seq的方法中，最常用的是dUTP方法。在第二链cDNA合成过程中，胸腺嘧啶核苷酸被尿嘧啶取代。结果，原始链由胸腺嘧啶组成，而互补链包含尿嘧啶。随后用尿嘧啶DNA糖基化酶(uracil DNA glycosylase, UDG)处理会降解含有尿嘧啶的链，从而仅对原始链进行测序。将序列与参考基因组进行比较可以跟踪转录中使用的链。已有研究报道使用链特异性RNA-Seq鉴定出新的lncRNA。

四、RNA免疫沉淀测序(RIP-Seq)

lncRNA通过与蛋白质结合和相互作用来发挥其大部分生物学功能。为了识别lncRNA并表征它们的功能，使用了RNA免疫沉淀(RNA immuoprecipitation, RIP)。RIP使用蛋白质作为诱饵来下拉RNA。RNA-蛋白质复合物使用一种针对目标蛋白质的抗体进行免疫沉淀，该抗体在生理条件下纯化，以保持天然相互作用。在捕获RNA-蛋白质复合物后，进行高通量测序。相关RNA

的鉴定使蛋白质-RNA/lncRNA调控网络的转录组范围成为可能。

五、单细胞 RNA‑seq

生物系统中的分析通常在有机体、器官或组织的水平上进行。这种分析通常会掩盖构成有机体、器官或组织的单个细胞/细胞类型的独特生物学属性。单细胞 RNA‑seq(single cell RNA‑seq,scRNA‑Seq)试图规避这个问题。scRNA‑Seq 协议涉及 6 种主要方法,即通过线性扩增和测序进行细胞表达(cell expressionby linear amplification and sequencing,CEL‑Seq)、液滴测序(Drop‑Seq)、大规模并行单细胞 RNA 测序(massively parallel RNA single-cell sequencing,MARS‑Seq)、单细胞 RNA 条形码和测序(single-cell RNA barcoding and sequencing,SCRB‑Seq)、RNA 模板 5′端的开关机制(Switching Mechanism at 5′ end of RNA Template,Smart‑Seq 和 Smart‑Seq2)。所有这些技术都涉及 RNA(polyA)的选择,然后是逆转录和 cDNA 扩增。除了涉及额外体外转录步骤的 Cel‑Seq 和 MARS‑Seq 外,这些方法涉及 cDNA 的直接 PCR 扩增。Smart‑Seq 以外的方法在初始 cDNA 合成阶段使用具有唯一分子标识符(unique molecular indentifier,UMI)的寡核苷酸。虽然 smart‑Seq2 能够跨细胞和每个细胞检测最多数量的基因,但它受到高实验噪声的影响。另一方面,Drop‑Seq、CEL‑Seq2、SCRB‑Seq 和 MARS‑seq 使用了 UMI,这会产生更好的信噪比。在成本方面,SCRB‑Seq、MARS‑Seq 和 Smart‑Seq2 在分析较少细胞时更具成本效益,而 Drop‑seq 在分析大量细胞时更具成本效益。

六、RNA 序列分析

来自 RNA‑Seq 的测序数据可以通过使用 TopHat、Bowtie、HISAT 等软件工具将原始测序数据与参考基因组进行比对来分析。使用 HT‑seq 或其他计数软件计算对齐读数与基因的重叠读数,并使用 EdgeR 或 Desq2 获得差异表达的基因。然而,鉴定以低水平表达的新转录本,例如 lncRNA,需要更多的测序深度(样本被测序的次数)和高覆盖率(测序后获得的读取次数)。高覆盖率(>6 000 万次读取)避免了由于测序深度不均匀或读取异质性导致的任何偏差。

第三节　circRNA 的鉴定方法

　　RNA-seq 是对生物样本中的 RNA 进行深度测序,是发现和分类转录组表达、序列和结构新变化的有效方法。随着高通量 RNA 测序技术领域的巨大进步,circRNA 的研究发展迅速。circRNA 可以通过 RNA-seq 技术进行大规模的鉴定,由于 circRNA 在总 RNA 的含量占比较低,为了增加 circRNA 的检出种类和检出效果,一般会对 circRNA 进行富集。富集的方法有很多种,大体上的原理都是通过技术手段去掉总 RNA 中不需要的 RNA 来达到富集的目的,比如使用 RNase R 消化总 RNA、使用探针结合并去除核糖体 RNA 等。

　　进行 RNA 测序后,就可以使用生物信息学工具或方法在全基因组范围内鉴定 circRNA。目前基于 RNA-seq 测序数据鉴定 circRNA 的方法主要是通过检测是否有 read 能匹配到反向剪接结合位点(black splice junction,BSJ)来判断,即 circRNA 的首和尾连接处的序列。

　　当涉及 circRNA 测序时,无论是短序列还是长序列的深度测序分析都有缺点。由于使用短读测序数据可获得的读取长度有限,BSJ 以外的 circRNA 的准确内部序列往往不清楚,尤其是长 circRNA。与短读测序相比,长读测序方法提供了更精确的 circRNA 剪接信息,包括内含子保留事件、微外显子和 circRNA 特异性外显子的鉴定。与此同时,目前的长读测序方法存在许多缺点,包括高成本、不同长度 circRNA 的偏富集和高错误率。

　　纳米孔长读测序的最新应用(读取量高达 1 000 nt)允许更好地识别 circRNA,通过内部可选择剪接提供更好的注释。相信未来会有更先进的测序方法,使 circRNA 测序更加准确。

　　微阵列技术的应用是对于 RNA-Seq 的一个补充,其可以消除 RNA-Seq 分析的不确定性。当确保重现性和效率时,该工艺具有高度的针对性,无论杂交的类型如何,都可以使用相关的标准分析方法。在最近的一项研究中,已经集成了 87 935 个 circRNA 序列,涵盖了 circBase 中迄今为止鉴定的大部分 circRNA。此外,该芯片检测到的大部分 circRNA 可以通过 RT-qPCR 或

RNA‐Seq 进一步证实。

通过二代测序和生物信息分析鉴定出来的 circRNA，后期需要通过实验进一步验证 circRNA 的存在及其生物学功能。目前 circRNA 的验证方法主要有以下几种：

1. RNase R 消化检测

RNase R 是一种来源于大肠杆菌的核酸外切酶，它可以沿 RNA 的 $3'\rightarrow5'$ 方向切割、降解 RNA，能够消化几乎所有的线性 RNA 分子，但不易消化呈环形的 RNA、套索结构或 $3'$ 端突出末端少于 7 nt 的双链 RNA 分子。RNase R 检测并非是必须的，但可以作为一个很典型的实验证明和鉴定 circRNA。RNase R 主要用于 circRNA 的鉴定和富集实验，需要根据具体的实验内容和目的决定是否进行 RNase R 消化。RNase R 并不是绝对的不能消化 circRNA，因为消化时间过长、RNase R 的用量过高都有可能会导致在酶消化后 circRNA 的含量也有明显降低，所以在使用 RNase R 进行消化时，还要进行相应的预实验，设置好相应的对照，看是否对于所要研究的 circRNA 有明显的影响，以保证实验结果的准确性。

2. qRT‐PCR 检测

通过引物特异性和位点设计来保证所检测的为 circRNA，一般多用于高通量测序后的数据验证及后续功能研究的定量检测。收敛引物（convergentprimer）作为参照，不管是基因组或线性 RNA 还是 circRNA 均可扩增，而发散引物（divergent primer）只有 circRNA 可以被扩增出来。

如果是以 qRT‐PCR 进行定量检测，一般可以不做 RNase R 检测，即不需要对 circRNA 进行富集（线性 RNA 被消化）。

3. Northern blot 验证 circRNA

Northern blot 验证 circRNA 主要通过分离得到非多聚腺苷酸化 RNA 或去 rRNA 后的 RNA、用 RNase R 去除线性 RNA、变性聚丙烯酰胺凝胶电泳等技术手段来验证。其中根据 circRNA 环化的方式设定探针序列是至关重要的步骤。对于内含子环化产生的 ciRNA，可以根据内含子序列设计探针；对于外显子环化产生的 circRNA，尽可能跨越反向剪切结合位点设计探针。验证策略是对基因组 DNA、总 RNA 以及 circRNA（DNA free、rRNA free、linearRNA free）同时进行杂交验证。

4. RNA 干扰(RNA interference,RNAi)技术验证 circRNA

目前也可以采用 RNAi 技术验证 circRNA。对于内含子环化产生的 ciRNA,可以根据内含子序列设计相应的 siRNA 进行干扰,对于外显子环化产生的 circRNA,可以根据反向剪切结合位点处序列信息设计 siRNA,最后通过发散引物鉴定 circRNA 敲除倍数。验证策略:可以同时设计三种 siRNA,一种是和 circRNA 反向剪切结合位点靶标结合的 siRNA,可以特异性干扰 circRNA 的表达;一种是和 linear RNA 靶标结合的 siRNA,可以特异性干扰 linear RNA 的表达;还有一种是和 circRNA、linear RNA 共有的外显子序列结合的 siRNA,可以同时干扰 circRNA 和 linear RNA 的表达。

5. 荧光原位杂交定位 circRNA

位于细胞核中的 circRNA 主要调控亲本基因的表达,而位于细胞质中的 circRNA 主要发挥竞争性内源 RNA(ceRNA)的作用,一般采用荧光原位杂交技术(fluorescence In Situ hybridization,FISH)对 circRNA 进行定位,以便于后续功能的进一步研究,设计的杂交探针需要跨越反向剪切结合位点。

第三章
非编码 RNA 与肺癌

肺癌是导致全球癌症死亡的主要原因之一。近年来,全球各地的肺癌患者和死亡人数正在逐年增加。全球每年因肺癌死亡的人数超过 100 万,并且每年新增患者达 220 万。最近,*CA: A Cancer Journal for Clinicians*——这本肿瘤领域权威期刊报道,美国 2024 年肺癌新发病例预计为 234 580 例,而预计死亡病例数为 125 070 例(图 3.1)。此外,根据中国最新的恶性肿瘤分析数据,2022 年我国肺癌发病数约为 870 982 例,死亡数约为 766 898 例,肺癌成为所有恶性肿瘤中发病和死亡人数最多的一种。因此,在我国乃至全球,肺癌的高发病率与高死亡率使其长期位居恶性肿瘤人群病死率的榜首,已经严重威胁人类的生命。

根据病理特征,肺癌分为小细胞肺癌(small cell lung cancer,SCLC)和非小细胞肺癌(non-small cell lung cancer,NSCLC),其中 NSCLC 是最常见的肺癌亚型,占肺癌总诊断病例的 85%,其晚期患者 5 年存活率只有约 15%,主要原因是缺乏有效的针对肺癌的早期诊断和治疗手段。NSCLC 包括两种主要的组织学表型,分别是肺腺癌(lung adenocarcinoma,LUAD;约占 NSCLC 的 50%)和肺鳞状细胞癌(lung squamous cell carcinoma,LUSC;约占 NSCLC 的 40%)。另外,NSCLC 的其他亚型还包括大细胞肺癌。由于 NSCLC 的高转移性、易复发以及预后差等临床特点,目前患者的治疗效果依然不够理想。

NSCLC 的转移是导致肺癌患者死亡的主要原因之一,常见的转移部位包括骨骼、脑部和肝脏等。NSCLC 的骨转移在肺癌

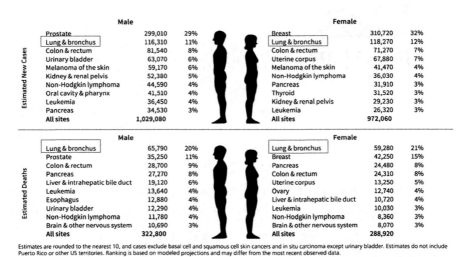

图3.1　2024年美国男性及女性的癌症发病率及死亡率排名情况

患者中较为常见。研究显示，NSCLC骨转移占晚期肺癌患者的30%～40%，此类患者会出现骨骼疼痛、骨折以及高钙血症等相关的并发症，严重影响患者的生活质量和预后。近年来的研究发现，细胞粘附相关的信号通路在转移性肿瘤中的作用更为突出。在肿瘤转移过程中，癌细胞需要离开原发部位，穿过血管或淋巴系统，并侵入其他组织。研究表明，一些分子如黏附蛋白（E-cadherin）、整合素和其他细胞外基质蛋白在这一过程中起着关键作用，因为它们调节了肿瘤细胞与周围组织之间的相互作用，促进了肿瘤细胞的迁移和侵袭。骨转移是一个复杂的多步骤过程，涉及多种生物学变化，如上皮间质转化（epithelial-mesenchymal transition，EMT）、肿瘤血管生成和肿瘤微环境的发展等。许多研究表明，E-cadherin的下调与EMT过程密切相关，尤其是在肿瘤发展和转移中。EMT通常伴随着E-cadherin的表达下调，而其他间质细胞标志物如N-cadherin和波形蛋白（Vimentin）的表达则增加，这一转变使得肿瘤细胞获得了更具侵袭性的表型。例如，Han等人研究发现miR-106a通过靶向TP53INP1调节自噬，并且miR-106a降低了E-cadherin的水平，增加了vimentin和snail的蛋白水平以及smad2/3的磷酸化水平，通过调节EMT促进肺腺癌瘤中的骨转移。此外，She等人研究证明Fas凋亡抑制分子

2(Fas apoptotic inhibitory molecule 2,FAIM2)参与调节 NSCLC 细胞的 EMT 过程,从而促进骨转移。这表明 EMT 与 NSCLC 骨转移密切相关。

miRNA 在基因组上通常定位于与肿瘤相关的脆性位点(fragile site)。miRNA 在肿瘤的发生、发展及转移中发挥重要作用,miRNA 可能成为新的肺癌早期诊断和癌症进程相关的标志物,有助于疾病的准确诊断及个性化治疗。

第一节　miRNA 作为癌基因

在过去 10 年中,已有大量关于肺癌中 miR-574-5p 和 miR-135b-5p 等促癌 miRNAs 的研究报道。抑制这些致癌 miRNAs 是基于 miRNA 的抗癌治疗策略之一。在细胞质内,成熟的 miRNA 与 AgoⅡ等形成诱导沉默复合体(RNA induced silencing complex,RISC)。RISC 内,miRNA 通过与靶基因 mRNA 的 3′端非翻译区(3′-untranslated region,3′-UTR)结合来调控基因的表达。MiRNA 转录后调控靶基因的表达主要有两种方式:抑制翻译或降解 mRNA。此外,miRNA 还可能影响 mRNA 的稳定性等。

miR-21 是第一个被鉴定的致癌基因。有研究表明,miR-21 表达水平的升高可增强肿瘤细胞的侵袭和迁移能力,影响转化生长因子-β(transforming growth factor-β,TGF-β)的表达,促进 EMT 的发生。此外,miR-21 通过调节 WNT、JAK/STAT 和丝裂原活化蛋白激酶(mitogen-activated protein kinase,MAPK)信号通路等,持续激活 STAT3,诱导肿瘤发生发展。Xue 等人发现 miR-21 和 miR-155 有约 30% 的预测靶基因相同,通过下调细胞因子信号转导抑制蛋白 1(suppressor of cytokine signaling 1,SOCS1)、细胞因子信号转导抑制蛋白 6(suppressor of cytokine signaling 6,SOCS6)和人第 10 号染色体缺失的磷酸酶及张力蛋白同源基因(phosphates and tensin homologue deleted on chromosome ten gene,PTEN)的表达可以促进 NSCLC 的发展,拮抗 miR-21 和 miR-155 可有效抑制 NSCLC 动物模型肿瘤的进展。总之,miR-21 在肿瘤的发生发展过程中起到重要作用,在临床治疗中具有重要价值。

研究显示,miR-182在多种肿瘤中均存在差异性表达,miR-182表达的上调可以增强肿瘤细胞的增殖、凋亡、侵袭及转移能力。研究显示,miR-182可直接调控程序性死亡受体4(programmed cell death 4,PDCD4)、F框/WD重复域蛋白7(F-box and WD repeat domain containing 7,FBXW7)和F框/WD重复域蛋白11(F-boxand WD repeat domain containing 11,FBXW11)的表达水平,从而促进肺腺癌细胞的增殖。代谢组学分析数据显示,miR-182表达的上调可促进糖代谢,并影响乳酸的释放,且与缺氧诱导因子1α(hypoxia-inducible factor 1α,HIF-1α)表达的上调有关,可增强肿瘤细胞的增殖能力。miR-31-5p通过靶向蛋白磷酸酶2R2A(protein phosphatase 2 regulatory subunit balpha,PPP2R2A)和大肿瘤抑制激酶2(large tumor suppressor kinase 2,lats2)发挥其致癌作用。miR-224-5p靶向SMAD4和TNF-α诱导蛋白1,并在体内和体外增强迁移、侵袭和增殖。研究发现,miR-422a在NSCLC组织中表达明显降低,而上调miR-422a可靶向作用于硫酸酯酶2(sulfatase 2,SULF2),激活SULF2/TGF-β/Smad轴,促进细胞的增殖、迁移、侵袭及EMT,从而影响NSCLC的发生发展。Yang等人的研究显示miR-942具有调节EMT的作用,且在NSCLC组织中高表达,miR-942可促进肿瘤细胞的迁移、侵袭和血管生成。

竞争性内源RNA(competing endogenous RNA,ceRNA)在乳腺癌、肝癌、结肠癌、前列腺癌、胃癌、肺癌、子宫内膜癌、黑色素瘤、甲状腺癌、胶质母细胞瘤、神经母细胞瘤、视网膜母细胞瘤等多种致癌途径中发挥着重要作用。此外,miRNA海绵的抗癌作用也在体外和体内得到更深入的研究。例如,基于miR-135b-5p海绵的慢病毒转导的体内研究在小鼠模型中抑制了肿瘤的生长、侵袭和转移。miR-544-5p海绵的逆转录病毒转染在肺癌小鼠模型中证明了肿瘤进展的减缓和动物生存期的延长。此外,Hmga2介导的let-7家族调控TGFbr3表达和改善TGF-β信号传导刺激了肺癌的进展。LncGAS5通过抑制NSCLC细胞增殖、侵袭和促进细胞凋亡在NSCLC发挥肿瘤抑制因子的作用;并通过下调miR-135b-5p提高放射敏感性。AEG-1的3′-UTR通过上调的vimentin和snail来调节miR-30a-5p的活性以诱导上皮细胞向间充质细胞转化。LINC00858海绵miR-422a调节激肽释放酶相关肽酶4(kallikrein-related peptide 4,klk4)的表达以促进肿瘤进展。Pecanex(PCNX)

通过与 miR-26、miR-182-5p、miR-340-5p 和 miR-506-3p 的 miRNA 反应元件(miRNA response elements,MREs)竞争性结合来正向调节 S 期激酶相关蛋白 2(S-phase kinase associated protein 2,skp 2)的表达,从而在 NSCLC 中发挥致癌活性。这些研究表明 ceRNAs 作为 miRNA 海绵的作用很有希望,并使它们成为未来基于 RNA 的治疗模式的合适候选对象。主要的促癌 miRNA、作用的靶基因及作用机制见表 3.1。

表 3.1 肺癌相关的促癌 miRNA

miRNA	靶 基 因	作 用 机 制
miR-31-5p	PPP2R2A,LATS2	促进癌细胞生长
miR-224-5p	SMAD4,TNF-α 诱导蛋白 1	促进癌细胞生长
miR-21-5p	SET	促进癌细胞的迁移及侵袭
miR-7-5p	TGF-β2	促进肺癌转移
miR-210-3p	CELF2	促进癌细胞生长
miR-422a	SULF2	促进癌细胞生长
miR-221-3p	P27	促进癌细胞生长
miR-155-5p	FGF9	促进癌细胞增殖和侵袭
miR-574-5p	VIM	促进 EMT
miR-182	HIF1AN	促进葡萄糖代谢
miR-942	BARX2	促进 EMT
miR-25-3p	PTEN	激活 PTEN/PI3K/AKT 通路
miR-544a	CDH1	促进 EMT
miR-494	CASP2	促进癌细胞生长
miR-484	APAF1	促进癌细胞生长
miR-212	PTCH1	促进癌细胞生长

续 表

miRNA	靶 基 因	作 用 机 制
miR-197	CSK1B	促进癌细胞免疫逃逸
miR-130b	TIMP2	促进癌细胞增殖和侵袭
miR-25	CDK2	促进癌细胞增殖和侵袭
miR-375	ITPKB	促进癌细胞生长
miR-141	KLF12	促进癌细胞生长
miR-182	CASP2	促进癌细胞生长
miR-224	SMAD4,LATS2	促进癌细胞生长

第二节　miRNA 作为抑癌基因

在肺癌中,癌基因 $Kras$ 与抑癌基因 $p53$ 显得举足轻重,20%～30%肺腺癌中发现 $Kras$ 基因有突变现象,而在 NSCLC 中 $p53$ 失活占 50%。与这两个基因相关的 miRNA 中,目前研究最清楚的是 Let7。Let7 家族至少有 9 个成员。在线虫 $C.elegan$ 中,Let7 具有调控发育的时序及细胞增殖,在哺乳动物中也发现相同功能的基因,表明 miRNA 进化上是比较保守的。Let7 家族抑制癌基因 $Kras$、HMGA2、$C-myc$ 及细胞周期相关蛋白质 CDC25A、周期蛋白依赖性激酶 6(cyclin-dependent kinases 6,CDK6)和周期蛋白 D2(cyclinD2)。$Kras$ 的 $3'$-UTR 中有多个与 Let7 互补的位点,Let7 表达下降,导致 Ras 蛋白增加。诱导内源性 $Kras$ 基因或 $p53$ 缺失将影响信号传导。缺失 $p53$ 导致核因子-κB(NF-κB)的转录因子 $p65$ 在核内积累。而如果诱导 $p53$ 恢复表达,则 $p65$ 则在核内消失。

Zhou 等人发现 miR-135a 通过 IGF-1/PI3K 信号通路促进细胞凋亡,抑制细胞的增殖、迁移、侵袭和肿瘤血管生成。另外,Zhang 和 Wang 等人的研究结果表明 miR-135a 过表达促进了肺癌细胞株的存活、迁移和侵袭,抑制了细胞凋亡,通过上调 Ras 相关的 C3 肉毒素底物 1(Ras-related C3 botulinum toxin substate 1,RAC1)基因的表达水平,使 NSCLC 细胞株对吉非替尼产生耐药性。miR-75p 通过 Ras/ERK/MYC 途径影响 EtS2 转录抑制因子(Ets2 repressor factor,ERF)促进细胞增殖和肿瘤发生。相比之下,let-7 阻断细胞生长并减缓细胞周期的进程,并与 NSCLC 的不良预后有关。let-7 家族抑制多种癌基因的表达,如 RAS、Myc 和 HMG a2。其他 miRNAs 如 miR-126-5p、miR-874-3p、miR-100-5p、miR-133b、miR-145-5p 是肺癌中的肿瘤抑制因子。Zhu 等人的研究结果表明 miR-126-5p 表达与血管内皮生长因子(vascular endothelial growth factor,VEGF)呈负相关,一定程度上还可以增加化疗药物的敏感性。表皮生长因子受体(epidermal growth factor receptor,EGFR)表达的增强与 miR-128b 的负调控有关。它还与吉非替尼治疗患者的生存获益相关。miR-200b-3p、miR-375、miR-486-5p 在肺腺癌患者中的表达与正常人相比存在差异。靶向 BCL2、MYC 和 MET 的 miR-34a-5p 在肺癌中也下调,因此充当肿瘤抑制基因。Yang 等人发现 miR-218 通过直接靶向白细胞介素-6(interleukin-6,IL-6)受体和 Janus 激酶 3(Janus kinase 3,JAK3)基因 mRNA 的 3′端来负调控 IL-6 受体和 JAK3 基因的表达,减弱细胞的增殖及侵袭能力,抑制肿瘤生长。Xie 等人的研究发现 miR-218 表达的上调可以改变细胞周期,诱导细胞凋亡,通过靶向核心结合因子 α1(core binding factor alpha1,CBFα1)调控 NSCLC 对顺铂的化学敏感性。Liao 等人发现 miR-206 通过负调控冠蛋白 1C(coronin 1C,CORO1C)基因的表达从而抑制肿瘤细胞的增殖、迁移及侵袭。Watt 等人发现在肺腺癌细胞中,miRNA-206 通过限制自分泌 TGF-β 的产生,抑制 Smad3 蛋白的表达水平,从而抑制肿瘤生长。Amri 等人发现 miR-125 可以降低 EGFR 相关 miRNA 的表达水平,并呈时间依赖性,可抑制细胞的增殖及自发凋亡过程,从而克服 EGFR 靶向药物耐药。Zhong 等人还发现 miR-125 可以直接与信号转导和转录激活因子 3(signal transducer and activator of transcription 3,STAT3)的 3′-UTR 结合,过表达的 miRNA-125 可以明显抑制 STAT3 蛋白的表达,揭示上调 miR-125 的表达可明显降低肺癌细胞的存活、增殖及侵袭能力,促进肺癌细胞凋亡。此外,miR-193a-3p 可在细胞和体内调节 EGFR 抑制 NSCLC 的增殖和侵袭,并促进 NSCLC 细胞的凋亡。

目前肺癌中发现的 miRNA 通过调节细胞周期、抑癌基因/癌基因和细胞凋亡等,从而调控肺癌的发生发展。主要的抑癌 miRNA、作用的靶基因及作用机制见表 3.2。

表 3.2 肺癌相关的抑癌 miRNA

miRNA	靶 基 因	作 用 机 制
miR-138-5p	SNIP1	抑制癌细胞增殖和迁移
let-7	RAS,Myc,HMG a2	抑制癌基因的表达
miR-34a-5p	BCL2,MYC,MET	抑制癌细胞生长
miR-218	IL-6,JAK3	抑制细胞的增殖及侵袭
miR-125	STAT3	抑制癌基因的表达
miR-15a,miR-16	cyclin D1,cyclin D2,cyclin E1	诱导细胞周期停留在 G1/G0
miR-145	EGFR,IGF-1R	抑制癌细胞生长
miR-126	EGF	抑制癌细胞增殖
miR-125a-5p	SIRT7	诱导癌细胞凋亡
miR-29	DNMT3A/3B	甲基化
miR-183	VIL2	抑制肿瘤转移
miR-133b	MCL-1,BCL2L2	诱导癌细胞凋亡
miR-486-5p	KIAA1199	抑制癌细胞生长
miR-34a	EGFR	抑制癌细胞生长
miR-206	Smad3	抑制肿瘤进展和转移
miR-193a-3p	ERBB4	抑制癌细胞生长
miR-135a	IGF-1	促进肿瘤血管生成
miR-126-5p	EZH2	增强癌细胞的放射敏感性

续 表

miRNA	靶 基 因	作 用 机 制
miR-100-5p	mTOR	增强癌细胞的顺铂耐药性
miR-138	H2AX	抑制癌细胞生长
miR-126	SLC7A5	抑制癌细胞的增殖
miR-450	IRF2	抑制癌细胞迁移和侵袭
miR-195	RAP2C	抑制癌细胞生长
miR-29b	MMP2,TGFB1	抑制 EMT
miR-98	TWIST1	抑制 EMT
miR-584	MMP14	抑制癌细胞迁移和侵袭
miR-451	PSMB8	抑制癌细胞免疫逃逸

第三节 信号通路的调控

肺癌中的 miRNA 调控网络包括 p53 信号通路、Notch 信号通路、EGFR 信号通路、VEGF 信号通路以及 NF-κB 信号通路。miR-150 能够调控 *p53* 的表达，外周血 miR-124 也可以通过调控 *p53* 的活性影响细胞凋亡、增殖和转移等过程，对肿瘤抑制起到重要作用。miR-150 通过特定的机制与 *p53* 的 mRNA 结合，导致其降解或翻译抑制，从而调控 *p53* 的表达水平。miR-150 和 miR-124 作为 miRNA 家族的重要成员，在调控细胞功能方面发挥着关键作用，例如，外周血中的 miR-124 参与 *p53* 活性的调控。miR-124 与神经系统的发育和功能相关，但近年来越来越多的研究表明 miR-124 参与了肿瘤的发生和发展。在肺癌中，miR-124 通过影响 *p53* 的活性来调控细胞的凋亡、增殖和转移等过程。具体来说，miR-124 与 *p53* 的关键调控因子相互作用，影响它们的表达和功能，从而间接调控 *p53* 的活性。这种调控作用使得

miR-124成为肺癌治疗中的一个潜在靶点。miR-150和miR-124的异常表达与 p53 的突变或失活密切相关。当这些miRNA的表达水平发生变化时，它们对 p53 的调控作用也会受到影响，进而影响到肺癌细胞的生物学行为。此外，miR-150和miR-124还可能与其他肿瘤相关基因存在复杂的相互作用。这些相互作用可能涉及多个信号通路的调控，共同影响肺癌的发生和发展。因此，深入研究这些miRNA与肿瘤相关基因之间的相互作用关系，有助于我们更全面地理解肺癌的发病机制，为肺癌的治疗提供新的思路和方法（图3.2）。

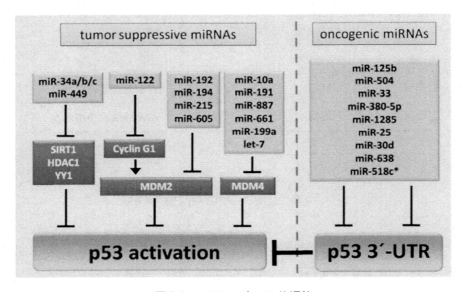

图3.2　miRNAs对 p53 的调控

Notch信号通路是重要的细胞信号传导途径，参与调控细胞分化、增殖和凋亡等生物学过程。miR-34包括miR-34a、miR-34b和miR-34c，可以通过直接靶向 Notch1 的mRNA，抑制 Notch1 的表达。该抑制作用导致肺癌细胞周期的阻滞和凋亡的增加，从而抑制了肺癌的增殖。miR-200家族的miRNA，如miR-200b和miR-200c可以通过抑制Notch信号通路成员Jagged1和Delta-like ligand 1的表达，影响肺癌细胞的侵袭和转移。Notch信号通路在EMT中起到关键作用，而miR-200家族的表达能够抑制EMT过程。miR-21在肺癌中高表达可以通过抑制Notch信号通路的负调控因子Delta-like ligand 3的表达,促进Notch信号通路的活化,对肺癌细胞的增殖和抗凋亡特性产生影响。

EGFR信号通路在肺癌中经常过度活跃,与肿瘤细胞的增殖、生存和侵袭等过程密切相关。研究表明,miR-21的高表达与肺癌呈正相关,miR-21通过抑制其下游靶点磷酸酶和张力蛋白脱酰酶的表达,促使PI3K/Akt通路的活化,进而加强EGFR信号通路的效应,推动肺癌细胞的增殖和抗凋亡。miR-145能够通过抑制*EGFR*的表达,抑制肺癌细胞的增殖和侵袭。miR-133a的下调与肺癌的恶性转化相关,而其过表达能够通过抑制*EGFR*的表达,减缓肺癌细胞的增殖和侵袭。miR-200家族包括miR-200a、miR-200b、miR-200c、miR-141和miR-429等成员,miR-200的过表达与肺癌患者预后改善相关。这些miRNA被发现能够通过抑制*EGFR*和*ZEB1*的表达,抑制EMT过程,减缓肺癌细胞的侵袭和转移。

NF-κB是肺癌形成中一个重要的信号通路,当*p53*失活,*Kras*表达激活NF-κB。*Kras*通过影响蛋白激酶MAPK及PI3K对细胞的增殖和蛋白质的合成产生作用,PI3K是mTOR信号通路上的重要蛋白质,mTOR调控失调也是是肺癌发生的重要原因。一旦抑制NF-κB,则肿瘤进程变慢,如Kumar等引入Pre-let-7抑制癌基因*Ras*的表达,达到抑制NSCLC肿瘤甚至使肿瘤消退的效果。miRNA与人类的疾病相联系的报道最早见于慢性淋巴细胞白血病(chronic lymphocytic leukemia,CLL)研究中,miR-15和miR-16作用于Bcl2诱导CLL细胞的凋亡。其后的研究表明,miRNA在调控肺癌、乳腺癌、胃癌、前列腺癌及直肠癌等常见恶性肿瘤中均发挥重要作用。

第四节　表观遗传学调控

miRNA通过甲基化靶基因即通过表观遗传学的改变来影响肿瘤的发生越来越受到研究者的重视。miRNA的表达,尤其是靠近CpG岛的基因受甲基化影响较大。miR-370作用于IL-6,受DNA甲基化酶1及HASJ4442的影响,而miR-34b及miR-34c由于甲基化不足,影响*p53*相关基因的功能。

miR-29家族作为抑癌基因,作用于DNA甲基转移酶DNMT3A和DNMT3B,诱导抑癌基因 *EHZT*、*WWOX* 正常甲基化,从而抑制NSCLC的发展。Li等人的研究表明 miR-182 的表达与肿瘤的生物学行为有关,在转移活性高的细胞株中,miR-182启动子的甲基化程度高,去甲基化后 miR-182 的表达水平升高,促进了肿瘤细胞的增殖、侵袭及转移。此外,肺癌中 miR-196a 的高表达归因于DNA去甲基化。miR-200C是一种重要的EMT介导物,它通过下调ZeB蛋白来抑制EMT。ZEB1和ZEB2蛋白也是 miR-141 和 miR-429 的靶点,它们在肺癌中也被证明是高甲基化的。Heller等人研究发现 miR-9-3 和 miR-193a 在NSCLC患者中特异性甲基化。此外,与未甲基化的对照组相比,miR-9-3甲基化的NSCLC患者的无病生存期和总生存期明显更短。Wang和Watanabe等人研究表明启动子高甲基化介导的 miR-34b/c 沉默也是一个常见的事件。此外,Wang等人发现,miR-34b/c基因的异常甲基化与肺癌患者的高复发率、较差的总生存率和无病生存率之间有很强的相关性。此外,Watanabe的研究显示 miR-34b/c 的表达与 c-Met 的表达呈负相关。除了甲基化改变,组蛋白修饰也与 miRNA 表达的调节有关。Incoronato等人研究了肺癌中 miR-212 沉默背后的机制,发现H3K27和H3K9标记的甲基化状态和H3K9的乙酰化状态存在显著差异,这表明 miR-212 基因上组蛋白的修饰预测了转录起始位点,有助于其在肺癌中表达下调。

表观遗传修饰与肿瘤的发生发展存在相关性,这种相关性对于临床具有一定的价值。揭示表观遗传调控机制有望为肿瘤患者的早期检测、疾病监测及预后判断提供潜在的分子标志物。

第五节 miRNA与肺癌治疗中的耐药机制

以铂类为基础的化疗方案依然是治疗局部晚期和晚期NSCLC治疗的重要方案之一。随着对顺铂在肿瘤细胞中抑制机制的逐渐明确,顺铂耐药机制的研究也逐渐成为关注的重点。研究发现,miR-495-3p 可靶向下调铜转运P型三磷酸腺苷,使细胞内顺铂的有效浓度上升,从而提高NSCLC顺铂敏感度。Ma 等人研究证实 miR-106a-5p 在顺铂耐药细胞中高表达，而 miR-106a-5p 可靶向结合于下游的 ABCA1 基因，从而降低细胞内的顺铂浓度而诱导顺铂耐药。另一项研究表明，下调 miR-21-5p 可使多药耐药 1 基因表达，导致 P 糖蛋白(permeability glycoprotein, P-gp)表达降低，而 P-gp 可外泵顺铂，逆转顺铂耐药。miR-503 可靶向调节抗凋亡 Bcl-2 蛋白，促进 NSCLC 对顺铂的敏感度；miR-497 也可作用于抗凋亡 Bcl-2 蛋白，逆转顺铂耐药；下调 miR-184 表达，增强 Bcl-2 活性，并导致 NSCLC 顺铂耐药。研究显示，miRNA 可通过调节 EMT 影响 NSCLC 顺铂耐药，其中 miR-129 可靶向调节微球蛋白 1(microspherule protein 1, MCRS1)活性，使 miR-155 过表达，并诱导肿瘤细胞发生 EMT，导致顺铂耐药。研究证实，上调 miR-26a-5p 可靶向抑制高迁移率族蛋白 A2，从而抑制转录因子 E2F1 的活化使细胞周期发生改变，进而促进 NSCLC 细胞增殖，并最终导致顺铂耐药。mRNA 还可调控某些顺铂的解毒关键蛋白的表达，如上调 miR-513a-3p 可降低谷胱甘肽-s-转移酶蛋白表达，从而减弱细胞对顺铂的解毒作用，实现逆转顺铂耐药。

在 NSCLC 治疗方面，微管靶向药物(microtubule-targeting agents, MTAs)是常用的治疗药物，但耐药性经常限制了其疗效。miR-195 与 MTAs 协同作用，抑制了 NSCLC 细胞的体外生长。miR-195 的增强表达使 NSCLC 细胞对 MTAs 更为敏感，而 miR-195 的抑制导致对 MTAs 的耐药性。

第六节　miRNA 在肺癌的诊断治疗中的应用

目前，肺癌的治疗手段日益丰富，传统的癌症治疗方法应用最为广泛，如外科手术、化疗和放疗等，而上述手段常常伴随着严重的副作用。例如，手术可能导致创伤，放疗和化疗会损伤健康的细胞，并且长期使用化疗药物可能导致肿瘤细胞对这些药物产生耐药性等。随着"精准医疗"时代的兴起，根据分期、组织学、基因改变和患者状况，肺癌的分子诊断和靶向治疗的新策略正在探索中。其中，分子靶向治疗药物在肺癌的治疗中取得了显著的进展，为晚期患者提供了新型的治疗方法。

在靶向药物研究中，许多临床上使用的药物主要针对肿瘤相关通路中的激酶进行抑制，包括 EGFR、VEGF 等。这些药物能够通过干扰这些关键通路的活性来干扰肿瘤细胞的增殖和扩散，以达到抑制肿瘤生长的目的。其中，例如 EGFR 酪氨酸激酶抑制剂吉非替尼是临床有效的治疗 EGFR 活化突变 NSCLC 的有效药物，但是使用这类药物 1~2 年后，大多数患者逐渐产生耐药性，导致治疗效果变差。此外，免疫检查点抑制剂的出现为肺癌患者带来了新的治疗希望，这些药物包括针对程序性细胞死亡蛋白-1/程序性细胞死亡蛋白配体-1（programmed death-1/programmed death ligand-1，PD-1/PD-L1）的单克隆抗体（如阿替利珠单抗、纳武利尤单抗、帕博利珠单抗和度伐利尤单抗），它们已经获得批准并在临床实践中得到应用，为 NSCLC 患者提供了新的治疗选择。除此之外，研究人员还在积极探索其他免疫检查点受体，例如细胞毒性 T 淋巴细胞相关抗原-4（cytotoxic T lymphocyte antigen-4，CTLA-4）、淋巴细胞活化基因 3 蛋白（lymphocyte-activation gene 3，LAG3）、T 细胞免疫球蛋白黏蛋白结构域 3（T cell immunoglobulin and mucin domain 3，TIM3）和杀伤性免疫球蛋白样受体（killer immunoglobulin receptor，KIR），这些研究旨在深入探讨这些受体在免疫调节中的作用，为免疫治疗提供新的理论和实践基础。

小分子抑制剂，例如激酶抑制剂和信号通路关键蛋白抑制剂，具有高度的特异性，可有效减少对非肿瘤组织的毒副作用。它们将治疗的焦点聚集在肿瘤部位，有针对性地提供肿瘤所需的杀伤资源，实现对肿瘤的精准打击，最大程度地减少对健康组织的不良影响，从而为部分患者带来了前所未有的长期生存机会。但是，靶向治疗和免疫治疗同样不可避免的面临肺癌耐药问题。早期诊断是提高癌症患者存活的关键，肺癌标志性 miRNA 基因或信号的检测，对于假阳性以及不必要的检查与治疗有重要的意义。研究表明，miR34b/34c/449 在肺腺癌中阳性检测率为 87%，鳞状细胞癌为 82%。miRNA 的分析给癌症检测提供了一种可行的方法，同时应结合病理学检查来验证，有利于提高疾病诊断的准确性。体液中的 miRNA 称为循环 miRNA（circulating miRNA），在肺癌诊断方面，可以通过检查血液中特定的循环 miRNA，来预测肿瘤的发生。Yu 等对 112 个 NSCLC 患者中 5 种 miRNA 与病程的关系进行了研究，结果表明 hsa-miR-221 和 hsa-let-7a 具有保护作用，类似抑癌基因,而 hsa-miR-137、hsa-miR-371 和 hsa-miR-182 则类似于癌基因。同时作者指出,5 种 miRNA 在指标是关联的,综合评价比较准确。研究表明 hsa-miR-137、hsa-miR-371 和 hsa-miR-182 对肿瘤的浸润有促进作用,而 hsa-miR-221 抑制肺癌的浸润,hsa-let-7a 则对肿瘤浸润没有明显作用。

拮抗 miRNA(antagomir)是一类治疗性 RNA 分子,其功能是抑制 miRNA 的发挥作用。如用 antagomir-17-5p 给药 2 周,30% 的肿瘤得到了彻底的抑制。LNA(locked nucleic acid)是一种封闭核酸,介导 miRNA 沉默。LNA 是一种新的治疗方式,主要优点是它的寡聚核苷酸更短,一般为 12、14 或 16 寡核苷酸聚合物。这样在治疗过程中引起的毒副作用小,稳定性高。给药 LNA-antimiR 小鼠及非洲绿猴 3 次,剂量为 10 mg/kg 能有效沉默 miR-122。结果表明,通过这样治疗,实验对象的血浆胆固醇明显下降,并且没有明显毒副作用或对肝脏的损伤。

miRNAs 高度擅长调节非编码序列的表达,以及参与控制肿瘤发生的信号级联调节的其他许多基因的表达。因此,miRNAs 可以作为潜在的治疗靶点。例如,最近的一些研究发现了 miR-128b 和 EGFR 信号通路之间的联系。EGFR 是过去 5 年中最常被研究的原癌基因。现在已经证明 miR-128b 直接调节 EGFR。在非小细胞肺癌观察到 miR-128b 的杂合性缺失,并显示与吉非替尼治疗后的生存和临床反应正相关。EGFR 激活突变恢复肿瘤抑制因子 miR-145-5p 并阻断癌性生长。此外,miR-7-5p 抑制 EGFR 和 Raf-1 mRNA 表达,并减弱 ERK 和 Akt 激活(EGFR 信号通路的两个主要参与者),表明 miR-7-5p 下调 EGFR 通路。

基于 miRNA 的疗法旨在针对病理上过度表达的 miRNA 的抑制以及表达不足的 miRNA 的补充。这可以通过改变 miRNA 的编码序列或阻碍或补充 miRNA 序列来实现。miRNA 编码序列的改变主要是由基因工程表达载体编码的 siRNA 和小发夹 RNA 进行的。基于 siRNA 的治疗可以一次靶向并沉默一个基因,而 miRNAs 可以靶向多个基因。例如,miR-124-5p 靶向 MAPK、STAT3 和 AKT2,所有这些都参与 EGFR 信号通路。此外,这些策略的应用还取决于肿瘤的临床病理因素、类型和分期。miRNA 相关药物的临床研究进展如表 3.3 所示。

表 3.3　miRNA 相关药物的临床研究

靶 miRNA	药　物	公　司	疾　病	临床试验阶段
miR-122	Miravirsen	SantarisPharma	hepatitis C virus infection	Phase II
miR-34	MRX34	miRNA Therapeutics	liver cancer, lymphoma, melanoma	Phase I
miR-16	MesomiR-1	EnGeneIC	mesothelioma, lung cancer	Phase I
miR-155	Cobomarsen	miRagen Therapeutics	T-cell lymphoma/mycosis fungoides	Phase I
miR-10b	RGLS5579	Regulus Therapeutics	glioma	Preclinical

　　miRNAs 也被赋予免疫调节功能。遗传不稳定的癌细胞通过改变抗原模式来改变免疫反应，导致癌细胞的免疫识别受损。miR-9-5p 通过抑制 MHC-I 来阻止癌细胞检测。miR-222-5p 和 miR-339-5p 通过下调癌细胞膜上 ICAM-1 的表达来减弱 CTL 介导的细胞毒性。因此，这些 miRNAs 可用作免疫治疗靶点。除了靶向驱动基因突变，一些报告已经提出证据表明 miRNAs 和其他分子靶点的相关性，这可能是肺癌治疗中的一种新的干预措施。PD-L1 就是这样一个靶点，它与肺腺癌中 EGFR 的高死亡率和野生型状态相关。它的表达提示对 PD-L1 靶向治疗的临床反应。miR-34a-5p 通过 TP-53 调节 PD-L1。miR-34a 联合放疗可能构成免疫治疗的一部分。B7-H3 是另一个与吸烟和 EGFR 野生型肺腺癌相关的靶点，它抑制 T 淋巴细胞和 NK 细胞介导的抗肿瘤活性，miR-29a-3p 调节其表达。TROP（一种跨膜糖蛋白）在癌症中的过度表达分别与腺癌的高死亡率和 HGNET 的低死亡率相关。miR-125b-1 直接下调 TROP2 表达，从而激活肺癌中的 MAPK 通路。

　　采用抗 miRNAs 或 miRNA 小分子抑制剂（SMIRs，作为 miRNA 拮抗剂的寡核苷酸）的其他策略被用于抑制致癌 miRNA 的生物发生。此外，还可以使用具有肿瘤抑制作用的 miRNA 模拟物进行替代疗法。使用 miRNA 模拟物(与天然 miRNA 分子具有相同作用的分子)可以补偿在癌症改善过程中肿瘤抑制性 miRNAs 活性的降低。

第七节　结论与展望

近年来,随着科技的进步及医疗水平的发展,miRNA 越来越受到医学界的关注,肺癌领域相继发现了许多差异性表达的 miRNA,包括抑癌基因和致癌基因,通过参与多个信号通路转导过程调节肿瘤细胞的生长,影响肿瘤细胞的增殖、分化、凋亡和转移过程,而且差异性表达的 miRNA 与肺癌的早期诊断及预后情况密切相关,直接影响着肺癌患者的总生存情况。

目前,miRNA 在临床试验方面已经取得了一些进展,但仍然面对诸多挑战。一方面,miRNA 如何调控编码或非编码基因的机制依然需要深入了解。另一方面,miRNA 的毒性,例如高剂量的 miR-34 模拟物的引发严重的免疫反应,并对其他基因产生非特异性影响。因此,进一步探索 miRNA 的调控机制,减少 miRNA 的毒性和其脱靶效应是一个重要的研究方向。修饰 miRNA 可能也是针对特定肿瘤耐药性的有效方法。对 miRNA 谱系和 miRNA 及其靶点作用的研究已成为药物开发以及增加肿瘤细胞对化疗敏感性的一个有前景的领域。

第四章 circRNA 在卵巢癌中的作用

第一节 circRNA 的功能与机制

卵巢癌是女性生殖系统最常见的恶性肿瘤之一,致死率一直居于妇科肿瘤首位。根据卵巢癌的细胞来源不同,约 80% 的卵巢癌来源于卵巢上皮细胞,被称为 EOC(epithelial ovarian carcinoma),而余下的 20% 的病例则主要来源于生殖细胞以及基质细胞或结缔组织。EOC 是卵巢癌最常见的病理学类型,特点是生长迅速、侵袭性强,75% 以上的患者确诊时已是晚期,占卵巢癌相关死亡病例的 90% 以上。目前,手术减瘤基础上联合药物化疗是临床治疗卵巢癌的主要方案。但晚期患者的 5 年生存率仍未得到明显提高,绝大多数患者伴随化疗周期的增加和多次复发后最终发展为卵巢癌耐药。因此为卵巢癌患者探寻新的分子治疗靶点,对其精准治疗至关重要。

circRNA 作为非编码 RNA 领域最火热的明星分子,其在卵巢癌发生发展中的调控机制仍不清楚。因此,从核酸水平探究卵巢癌发展的机制能够为 EOC 的诊断及治疗提供科学依据。

circRNA 是来源于 pre-mRNA 的共价闭合的单链转录本,与线性 RNA 不同,没有 5′ 帽子结构和 3′ polyA 尾巴。因此,circRNA 比线性 RNA 更稳定。根据其来源,circRNA 可分为 3 种类型:外显子来源的 circRNA(exonic circRNA,ecRNA)、内含子来源的 circRNA(circular intronic RNA,ciRNA)、外显子和内

含子共同组成的（exon-intronic circRNA，EIciRNA）。尽管 circRNA 是在 1979 年通过电子显微镜首次发现的，但只有当 RNA 测序和计算分析方面取得最新进展后才使得 circRNA 的研究更加准确和系统，并能够研究它们在细胞过程中的功能。越来越多的研究表明，许多 circRNA 以组织特异性或发育阶段特异性的方式表达。在肿瘤组织、血液和唾液中都可以检测到 circRNA，它在物种中的高丰度、稳定性和进化保守性使其具有许多潜在功能，例如控制细胞过程，包括增殖、衰老和分化。研究发现 circRNA 在生命体中发挥多种重要的功能，包括肿瘤发生过程、神经发育过程、自身免疫反应等。circRNA 还参与调控多种生物学过程，包括作为 miRNA 分子的海绵、与蛋白结合、编码多肽等。

circRNA 的主要类型及生成途径见图 4.1。

除了 circRNA 独特的性质外，circRNA 参与生物过程调控的方式进一步拓宽了我们对非编码 RNA 的理解。到目前为止，除了起 miRNA 海绵的作用外，人们还提出了 circRNA 的其他几种作用。通过增强与 RNA 聚合酶Ⅱ（RNA polymerase，RNA polⅡ）的结合，位于细胞核的 circRNA 可能调节其宿主基因的转录。circRNA 还可能与 RNA 结合蛋白（RNA binding protein，RBP）相互作用，包括通过它们作为蛋白海绵、诱饵、支架和招募者的作用，并进一步影响其靶 mRNA 的命运。此外，一些 circRNA 还含有一个内部核糖体进入位点，可以直接编码蛋白质。

一、作为 miRNA 的分子海绵

大多数 circRNA 定位于细胞质，提示它们在转录后调控中发挥作用。miRNA 是一个全长约 22 nt 的非编码 RNA 家族，在生理和病理过程中都是基因表达的关键调节因子。miRNA 能够以碱基对的方式直接与靶 mRNA 结合，触发 mRNA 的切割或抑制 mRNA 的翻译。位于细胞质中的 circRNA 也含有互补的 miRNA 结合位点，因此可以作为 miRNA 的竞争性抑制物，将 miRNA 从其靶 mRNA 中隔离出来，从而减轻 miRNA 介导的基因抑制。ciRS-7 首先被证明含有 63 个保守的 miR-7 结合位点，并抑制其生物学活性和功能。后来，越来越多的研究表明，ciRS-7 作为 miR-7 海绵的存在及其在许多病理生理过程中的重要性，如胰岛素分泌、心肌梗死、肝细胞癌和胃癌发

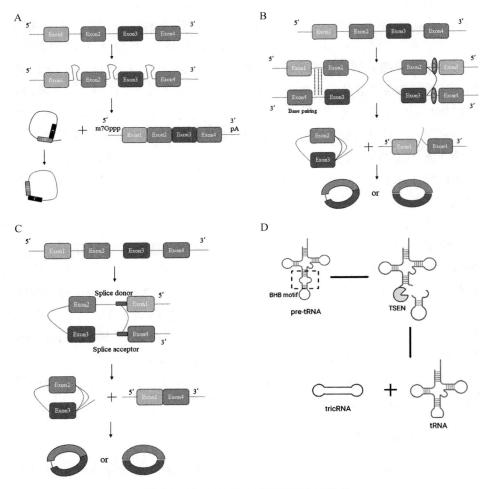

图 4.1 circRNA 的主要类型及生成途径

A. 规范剪接。pre-mRNA 被剪接体剪接,去除中间的内含子,只留下顺序连接的外显子,形成成熟的 mRNA。其余的套索内含子在 5′剪接点附近有 7 nt 的富含 GU 的序列,在分支点附近有 11 nt 的富含 C 的序列,可以避免脱支和降解,而 3′端下游序列被剪裁成稳定的 ciRNA。B. 套索驱动的成环。外显子 4 的下游 5′剪接位与外显子 1 的上游 3′剪接位相连,形成套索结构。然后,含有跳过外显子的套索经历一个内含子的内部剪接形成 EIciRNA 或两个内含子的剪接形成 ciRNA。C. 内含子配对驱动的环化。环状外显子 2 和 3 两侧的内含子基序具有相当大的互补性,使剪接位点接近形成 EIciRNA 或 eciRNA。结合位点位于外显子 2 和 3 两侧的 RBP 可以将两个剪接位点紧密地结合在一起,从而促进环化。D. tRNA 剪接内切酶(tRNA splicing endonuclease,TSEN)复合体识别凸起-螺旋-凸起(buldge-helix-buldge,BHB)基序,对 pre-tRNA 进行内含子切除,然后释放并连接末端形成 tRNA 和 tRNA 内含子环状 RNA(tRNA intronic circular RNA,tricRNA)。

生发展。此外，还发现了几种新的与癌症相关的能海绵吸附 miRNA 的 circRNA。研究发现 hsa_circRNA_101237 在 NSCLC 组织和细胞系中的表达均升高。hsa_circRNA_101237 高表达预示着 NSCLC 患者的生存不良。同时，hsa_circRNA_101237 通过海绵吸附 miR-490-3p 以增强 MAPK1 的表达，从而显著促进 NSCLC 细胞系的增殖、迁移和侵袭。hsa_circRNA_0003258 在前列腺癌组织中的表达增强，且与临床分期和国际泌尿病理学会（The International Society of Urological Pathology，ISUP）分级有关。hsa_circRNA_0003258 过表达在体外通过诱导上皮间充质转化和体内肿瘤转移来促进前列腺癌细胞的迁移，而 hsa_circRNA_0003258 敲低后则起到相反的作用。机制上，hsa_circRNA_0003258 可通过海绵吸附 miR-653-5p 从而上调 Rho GTP 酶激活蛋白 5（Rho GTPase activating protein 5，ARHGAP5）的表达。Wang 等证实 hsa_circRNA_002178 在肺腺癌组织和细胞中表达上调。随后，还发现 hsa_circRNA_002178 可以通过海绵吸附肿瘤细胞中的 miR-34 诱导 T 细胞耗竭来增强 PD-L1 的表达。更重要的是，在肺腺癌患者的血浆外泌体中可以检测到 circRNA_002178，可以作为肺腺癌早期诊断的生物标志物。在结直肠癌组织中 circRNA_0000392 表达显著上调并与结直肠癌的恶性进展呈正相关。功能研究表明，降低 circRNA_0000392 的表达可以抑制结直肠癌的增殖和体内侵袭，并且 circRNA_0000392 可以作为 miR-193a-5p 的海绵，调节磷脂酰肌醇 3-激酶调节亚基（phosphoinositide-3-kinase regulatory subunit 3，PIK3R3）的表达，影响 AKT-mTOR 通路的激活。考虑到 miRNA 的表达是细胞和组织类型特有的，circRNA 可能会在不同的细胞和组织中发挥不同的功能，这取决于它所海绵吸附的 miRNA 的表达。到目前为止，越来越多的研究声称许多 circRNA 作为 miRNA 海绵发挥作用。然而，大多数 circRNA 的含量远低于 miRNA，这可能无法满足海绵效应的化学计量要求，因此 miRNA 海绵可能不是 circRNA 的基本功能。

二、与蛋白结合

circRNA 和蛋白质的相互作用对于 circRNA 的合成与降解，和蛋白的表达与功能都会产生影响。在与 circRNA 结合的蛋白质中最著名的就是 RBP。RBP 是细胞中一类重要的蛋白质，它们通过识别 circRNA 特殊的 RNA 结合域与 RNA 互作,广泛参与到 RNA 剪切、转运、序列编辑、胞内定位及翻译等多个转录后调控过程中,这些蛋白质甚至参与形成核糖核蛋白复合体。circRNA 与 RBP 的特异性相互作用是 circRNA 功能的重要组成部分的基础。许多 circRNA 被预测通过特定的结合位点与 RBP 相互作用,即使生物信息学对 circRNA 的序列预测发现其与 RBP 结合部位的富集度很低。然而,最近的研究表明,RNA-RBP 的相互作用受到 RNA 分子的三级结构的显著影响。因此,circRNA 独特的三级结构可能会对其蛋白质结合能力产生不同于传统的基于核苷酸序列的结合模式的影响,而使用哪种结合模式可能取决于特定的环境。此外,部分 circRNA 可以作为调节蛋白质-蛋白质相互作用的支架,还可通过调节蛋白质-蛋白质相互作用来调节其结合蛋白的表达。

circRNA 可以作为蛋白质海绵或诱饵来影响其细胞功能,从而调节基因转录,抑制细胞周期进程,促进心脏衰老,诱导细胞凋亡,促进增殖和细胞存活等过程。以下将详细描述这些功能。有研究发现异位表达的 circDnmt1 可以与 p53 和富含 AU 元件 RNA 结合因子 3(AU-rich element RNA-binding factor 1,AUF1)相互作用,促进这两种蛋白的核转位。p53 核转位诱导细胞自噬,而 AUF1 核转位降低 DNA 甲基转移酶 1(DNA methyltransferase 1,Dnmt1) mRNA 的不稳定性,导致 Dnmt1 翻译增加。并且功能性的 Dnmt1 可以转位到细胞核,抑制 p53 的转录。计算机算法表明,p53 和 AUF1 均可与 circDnmt1 RNA 的不同区域结合。总之,高表达的 circ-Dnmt1 可以结合并调节乳腺癌细胞中的致癌蛋白从而影响乳腺癌的发生发展。对 circSMARCA5 序列的电子扫描显示存在丰富的 RBP 结合基序,尤其是参与剪接的 RBP。其中,富含丝氨酸和精氨酸的剪接因子 1(serine and arginine rich splicing factor 1,SRSF1)是一种已知的细胞迁移正向控制因子并在胶质母细胞瘤(glioblastoma,GBM)中高表达,通过三种不同的预测工具预测其与 circSMARCA5 结合。来自 DNA 元件百科全书的 K562 细胞中 SRSF1 的增强紫外交联和免疫沉淀数据支持 circSMARCA5 和 SRSF1 之间的直接相互作用。该研究数据显示 circSMARCA5 在 GBM 中是一个很有前途的可治疗的肿瘤抑制因子,并表明它可能通过与 SRSF1 结合来发挥其功能。研究发现沉默内源性 circ-Foxo3 可以促进细胞增殖,circ-Foxo3 的异常表达通过结合细胞周期依赖蛋白激酶 2(Cyclin dependent kinase,CDK2)和周期依赖性激酶抑制剂 1(p21)形成三元复合体，从而抑制细胞周期进程。CDK2 通常与细胞周期蛋白 A 和 E 互作促进细胞周期进程，但是 p21 可以抑制这种互作并阻止细胞周期的进程。这种 circ-Foxo3-p21-CDK2 三元复合物的形成阻止了 CDK2 的功能且阻断了细胞周期的进程。Gong 等发现 circPUM1 可以与泛醌细胞色素 c 还原酶核心蛋白 2(ubiquinol-cytochrome C reductase core protein 2，UQCRC2)相互作用，并作为 UQCRC1 和 UQCRC2 的分子支架，三者共定位于线粒体。进一步机制研究发现，circPUM1 通过与 ESCC 细胞中的 UQCRC2 相互作用来调节线粒体能量代谢。此外，有研究首次证明 circNSUN2 是结直肠癌(colorectal cancer，CRC)中重要的致癌 circRNA，其高表达诱发疾病发生和侵袭，并与患者较差预后相关，是一个潜在生物标志物或治疗靶点。在机制上，circNSUN2 的 N6-甲基腺苷修饰(N6-methyladenosine，m6A)促进了 circNSUN2/YTH N^6 甲基腺苷 RNA 结合蛋白 1(YTH N6-methyladenosine RNA binding protein 1，YTHDC1)复合物形成，增加了其向细胞质的输出，并且 circNSUN2 与人胰岛素样生长因子 2 mRNA 结合蛋白(insulin like growth factor 2 mRNA binding protein 2，IGF2BP2)结合对 IGF2BP2 和高迁移率族 AT HOOK 蛋白 2(high mobility group AT-hook 2，HMGA2，一种已知的结肠癌癌基因)之间的相互作用至关重要，进而在胞质中形成 circNSUN2/IGF2BP2/HMGA2 三元复合物，稳定 HMGA2 mRNA，导致 CRC 侵袭性。

表 4.1　已知的 circRNA 与 miRNA/蛋白之间的相互作用

CircRNAs	miRNA/蛋白	癌症类型	功能
circRNA_5692	miR-328-5p	肝细胞癌	抑癌
circRAPGEF5	miR-27a-3p	肾细胞癌	抑癌
circ_0001361	miR-491-5p	膀胱癌	促癌
circ_0005529	miR-527	胃癌	促癌
circ_0000376	miR-1285-3p	乳腺癌	抑癌
circRNA_102049	miR-455-3p	胰腺导管腺癌	促癌

续 表

CircRNAs	miRNA/蛋白	癌症类型	功能
circSLC8A1	miR-130b/miR-494	膀胱癌	抑癌
circMUC16	miR-199a-5p/ATG13	卵巢癌	促癌
circ_001422	miR-195-5p	骨肉瘤	促癌
circFOKX2	miR-942/YBX1/hnRNPK	胰腺导管腺癌	促癌
circRHOBTB3	HuR	大肠癌	抑癌
circXPO1	IGF2BP1	肺腺癌	促癌
circRHOT1	TIP60	肝细胞癌	抑癌
circPTPRA	IGF2BP1	膀胱癌	抑癌
circURI1	hnRNPM	胃癌	抑癌
circZKSCAN	FMRP	肝细胞癌	抑癌
circACTN4	FUBP1	乳腺癌	促癌
circRNA_102231	IRTKS	胃癌	促癌
circLPAR1	eIF3h	大肠癌	抑癌

三、调节选择性剪接

pre-mRNA 通过不同的剪接方式产生不同的 mRNA 剪接异构体,这被称为选择性剪接。circRNA 的反向剪接可能与 pre-mRNA 的线性剪接竞争剪接位点,以促进癌基因和抑癌基因的异常转录,因此 circRNA 能够明显地调控选择性剪接。由肌肉盲基因(muscleblind,MBL)第二外显子产生的 circMbl 在其两侧的内含子中具有 MBL 结合位点,因此,MBL 水平显著影响 circMbl 的生物发生。并且 circMbl 包含主要编码序列的起始密码子,可以与线性 MBL mRNA 竞争来影响选择性剪接。当 MBL 高表达时,会促进 circMbl 的生物发生而抑制线性转录本的表达;当线性剪接效率提高时,circRNA 丰度降低,这表明 circRNA 参与了选择性剪接调控。在反向剪接过程中,circRNA 可能会隔离翻译起始点,阻止某些正常的线性转录本的存在,从而降低某些蛋白质的表达水平。

四、编码蛋白质和肽

起初在丙型肝炎病毒中 circRNA 被证明具有编码蛋白质的功能。此后相关研究表明,在真核生物中,具有内部核糖体进入位点(internal ribosome entry site,IRES)的 circRNA 能够有效地翻译蛋白质,并且 m6A 修饰可驱动 circRNA 的翻译。circ-ZNF609 是真核生物中较早发现的具有编码能力的 circRNA,为真核生物编码蛋白质提供了一个典型的例子。该研究发现 circRNA 在小鼠和人类成肌细胞的体外分化过程中的表达差异,发现高保守 circRNA 的表达水平受肌生成和杜氏肌营养不良症(duchenne muscular dystrophy,DMD)状态的影响。采用高通量功能基因筛选来研究肌分化中 circRNA 的功能,发现 circZNF609 能特异性地调节成肌细胞的增殖。令人意外的是,与线性转录子一样,circZNF609 包含了一个从起始位点到终止位点的开放阅读框架(open reading frame,ORF)。除此,circZNF609 能与高密度多核糖体结合,且能以剪切依赖和帽子不依赖的方式翻译蛋白。这为真核细胞 circRNA 能编码蛋白提供了一个有利的证据。另有研究发现一种称为 E-cadherin 蛋白变体(C-E-Cad)的新型蛋白质是从 circ-E-cadherin(hsa_circ_0039992)翻译而来,长度为 254 个氨基酸。由于 circ-E-cad 的第二轮翻译中的自然移码,C-E-Cad 在 C 端有一个独特的 14 aa 尾巴,具有多轮 ORF。EGFR 信号的磷酸化和激活对于 GBM 的致癌性至关重要。C-E-Cad 与全长 EGFR 和 EGFRvⅢ共定位在细胞膜中,这是一种活跃的 EGFR 突变体,经常在 GBM 中扩增并与 EGFR 共表达。CE-Cad 14-aa 尾通过盐桥和氢键相互作用直接与全长 EGFR 的补体受体 2(complement receptor 2,CR2)结构域结合,同 EGFRvⅢ一起促进 STAT3 磷酸化和核转位以及 AKT 和 ERK1/2 磷酸化,导致 GBM 的肿瘤生成。因此,C-E-Cad 是联合抗体治疗 GBM 的单个靶点,因为它促进包括增殖、侵袭、抗凋亡、抗衰老和细胞干性以及球形成频率在内的恶性表型。一种含有 193 个氨基酸的新生蛋白质,称为 SMO-193aa,是由 circSMO(hsa_circ_0001742)生成。SMO-193aa 与全长 SMO 蛋白共享相同的 192 个氨基酸,涵盖了负责细胞质和膜定位的七个跨膜结构域。SMO-193aa 通过直接与 SMO 的 N 端结合作为支架将胆固醇转移到全长SMO来促进全长SMO的胆固醇修饰,从而在功能上维持干细胞的自我更新能力和GBM的致癌性。Pan等发现CircFNDC3B-218aa是一种由circFNDC3B(hsa_circ_0006156)翻译而来的具有218个氨基酸的新型蛋白质。它与全长含纤维连接蛋白Ⅲ型结构域3B(fibronectin type Ⅲ domain containing 3B,FNDC3B)的N端序列共有201个氨基酸。circFNDC3B-218aa通过减弱Snail表达、增强FBP1诱导的氧化磷酸化,表现出抑制肿瘤发生的能力,如减少葡萄糖摄取、丙酮酸产生和乳酸产生以及促进从糖酵解到氧化磷酸化的代谢重编程。circARHGAP35(hsa_circ_0109744)含有3 867个核苷酸长的ORF,带有m6A修饰的起始密码子,编码一个截短蛋白质P-circARHGAP35。P-circARHGAP35是一种具有1 289个氨基酸的新型癌蛋白,这种癌蛋白含有与全长ARHGAP35蛋白N端序列相同的氨基酸,包括4个FF结构域[含有两个保守的phenylalanine(F)残基],没有Rho GAP结构域。与细胞质中的ARHGAP35不同,P-circARHGAP35在细胞核中积累。因此,由于与转录调节因子TFII-I的相互作用,核p-circARHGAP35作为一种癌蛋白发挥促进包括肝细胞癌和结直肠癌在内的癌细胞的迁移、侵袭和转移的功能。此外,circSHPRH被发现编码了一种新的蛋白质SHPRH-146aa,它可以保护全长的SNF2组蛋白接头PDH RING解旋酶(SNF2 histone linker PHD RING helicase,SHPRH)不被泛素蛋白酶体降解,并抑制胶质瘤的发生(表4.2)。然而,circRNA的翻译能力仍然存在争议。与线性转录本相比,一旦翻译开始,环形结构可能有助于核糖体循环,并促进蛋白质合成。然而,一些研究认为,这种翻译可能效率低下,因为环形结构使同一个ORF的开始和结束彼此接近,从而使翻译过程的开始和结束同时发生在同一地点。因此,应该开发新的方法来进一步研究circRNA的编码潜力。

表4.2 已知的具有编码能力的circRNA

circRNA	编码的蛋白	癌症类型	功能
circAKT3	AKT3-174aa	胶质母细胞瘤	抑癌
circFBXW7	FBXW7-185aa	三阴性乳腺癌	抑癌

续 表

circRNA	编码的蛋白	癌症类型	功能
circDIDO1	DIDO1-529aa	胃癌	抑癌
circβ-catenin	β-catenin-370aa	肝癌	促癌
circPPP1R12A	circPP-P1R12A-73aa	大肠癌	促癌
circPLCE1	CircPLCE1-411	大肠癌	抑癌
circGprc5a	CircGprc5a-肽*	膀胱癌	促癌
circCHEK1	circCHEK1_246aa	骨髓瘤	促癌
circEGFR	rtEGFR	胶质母细胞瘤	促癌
circAXIN1	AXIN1-295aa	胃癌	促癌

* FDTKDMNLCGR

第二节 circRNA 在卵巢癌中的功能

最近,一些致癌和抑癌的 circRNA 被发现可调节 EOC 细胞的增殖、迁移、侵袭和凋亡。它们中的大多数都可以通过 miRNA 海绵作用来调节 EOC 相关的信号通路。此外,EOC 中与 RBP 相互作用的 circRNA 也开始被研究报道。

一、circRNA 作为癌基因

有些 circRNA 可作为癌基因在卵巢癌中发挥促癌作用。circRNA_MYLK 在卵巢癌患者体内的水平明显高于正常对照组,并且与 circRNA_MYLK 低表达的患者相比,高表达 circRNA_MYLK 的患者具有较高的病理分期和较低的总生存率。与对照组相比,circRNA_MYLK 基因敲低组卵巢癌细胞的增殖能力明显减弱。此外,在卵巢癌组织中,miR-652 和 circRNA_MYLK 的表达水平呈负相关,同时,生物信息学分析和荧光素酶报告基因检测结果证实了 circRNA_MYLK 可以靶向 miR-652。因此,circRNA_MYLK

可能通过调节 miR-652 促进卵巢癌的恶性进展,其表达与卵巢癌的病理分期和不良预后密切相关。circWHSC1 在卵巢癌组织中表达上调,在中、低分化卵巢癌组织中的表达高于高分化卵巢癌组织。circWHSC1 过表达促进了细胞的增殖、迁移和侵袭,抑制了细胞的凋亡。沉默 circWHSC1 之后发挥了相反的作用。此外,circWHSC1 还可以海绵吸附 miR-145 和 miR-1182,上调下游靶基因黏蛋白 1(mucin 1,MUC1)和人端粒酶逆转录酶(human telomerase reverse transcriptase,hTERT)的表达。外泌体 circWHSC1 可转移到腹膜间皮细胞,促进腹膜播散。circRNA_UBAP2 在卵巢癌组织和细胞系中表达上调。circRNA_UBAP2 基因敲除后抑制细胞增殖,促进细胞凋亡,而 circRNA_UBAP2 过表达则相反。此外,circRNA_UBAP2 靶向 miR-382-5p 并下调其表达,mRNA 前体加工因子 8(pre-mRNA processing factor 8,PRPF8)是 miR-382-5p 的靶基因。所以该研究揭示了 circRNA-UBAP2/miR-382-5p/PRPF8 轴通过 ceRNA 的机制影响卵巢癌的增殖、凋亡和细胞周期。hsa_circ_0013958 在卵巢癌组织和细胞中高表达,其表达与患者国际妇产科学联合会(Federation International of Gynecology and obstetrics,FIGO)分期和淋巴结转移密切相关。体外研究表明,hsa_circ_0013958 基因的敲除抑制了卵巢癌细胞的增殖、迁移和侵袭,但增加了细胞的凋亡率。上皮间充质转化相关蛋白和凋亡相关蛋白的表达水平也发生了变化。因此,hsa_circ_0013958 可能通过影响上皮-间充质转化和细胞凋亡信号通路参与卵巢癌的发生发展。另有研究发现 circEPSTI1 在卵巢癌组织中有明显上调从而促进卵巢癌进展,circEPSTI1 通过抑制 miR-942 来调节上皮基质相互作用蛋白 1(epithelial stromal interaction 1,EPSTI1)水平,提示了抑制 circEPSTI1 可抑制癌细胞的生长和侵袭,并诱导卵巢癌细胞程序性死亡,从而证明其致癌作用。hsa_circRNA_102958 在卵巢癌组织和细胞系中表达上调并且提示卵巢癌患者预后不良。hsa_circRNA_102958 基因敲除可显著抑制卵巢癌细胞的增殖、迁移和侵袭,反之亦然。hsa_circRNA_102958 是 miR-1205 的内源竞争核糖核酸。hsa_circRNA_102958 抑制 miR-1205 的活性从而促进 SH_2 结构域蛋白 3A(SH_2 domain containing 3A,SH2D3A)的表达。SH2D3A 过表达可促进卵巢癌细胞的增殖、迁移和侵袭。该研究结果表明,hsa_circRNA_102958 通过调节 miR-1205/SH2D3A 信号通路促进卵巢癌的发生发展(图 4.2)。

二、circRNA 作为抑癌基因

有些 circRNA 作为抑癌基因抑制卵巢癌的发生发展。与正常卵巢组织相比，circATRNL1 和 circZNF608 在 20 例卵巢癌组织中表达下调并主要定位于卵巢癌细胞的胞浆。研究发现，circATRNL1 和 circZNF608 过表达抑制卵巢癌细胞的增殖和侵袭。荧光素酶报告基因实验表明，只有 miR-152-5p 能被 circZNF608 海绵吸附。生物信息学分析和实验表明，circATRNL1 含有一个内部核糖体进入位点和一个编码 131aa 蛋白的开放阅读框。circATRNL1 和 circZNF608 是卵巢癌中表达下调的两个 circRNA，它们作为肿瘤抑制基因发挥作用。circZNF608 可能通过结合 miR-152-5p 在卵巢癌中发挥抗肿瘤作用，而 circATRNL1 可能通过编码 131aa 的蛋白来发挥抑癌作用。circ_0078607 和盐诱导的激酶（salt-inducible kinase 1，SIK1）在卵巢癌组织和细胞中表达下调。过表达的 circ_0078607 和 SIK1 可抑制卵巢癌细胞的增殖、迁移、侵袭，促进细胞凋亡。miR-32-5p 可被 circ_0078607 海绵吸附，其过表达可逆转 circ_0078607 对卵巢癌进展的抑制作用。此外，SIK1 是 miR-32-5p 的靶点，而 circ_0078607 可以通过海绵吸附 miR-32-5p 来调节 SIK1。SIK1 沉默也可逆转 circ_0078607 对卵巢癌进展的抑制作用。体内实验表明，circ_0078607 通过调节 miR-32-5p/SIK1 轴抑制卵巢癌的发生。Wu 等发现 circ_0007444 在 87 例卵巢癌患者体内下调，通过 CCK-8、划痕、transwell 和流式分析发现 circ_0007444 抑制卵巢癌细胞的增殖、迁移和侵袭，促进细胞凋亡。circ_0007444 通过海绵吸附 miR-570-3p 来促进 PTEN 的表达。miR-570-3p 上调和 PTEN 下调逆转 circ_0007444 对卵巢癌细胞恶性表型的抑制作用。通过体内实验发现 circ_0007444 对卵巢癌的生长有抑制作用。在异种移植瘤中，circ_0007444 降低了 Ki67 的表达，增加了 PTEN 的表达，促进了细胞的凋亡。circPLEKHM3 被认为是卵巢癌组织中与正常组织相比下调最显著的 circRNA 之一。腹膜转移性卵巢癌与原发卵巢癌相比，其表达进一步降低。circPLEKHM3 较低的患者预后较差。在功能上，circPLEKHM3 过表达抑制了细胞的生长、迁移和上皮间充质转化，而其基因敲除则起到相反的作用。进一步分析表明，circPLEKHM3 通过海绵吸附 miR-9 调节 BRCA1、DNAJB6 和 KLF4 的内源表达，从而使 AKT1 信号失活。此外，AKT 抑制剂 MK-

2206可阻断circPLEKHM3缺失对卵巢癌细胞的促瘤作用,增强紫杉醇对卵巢癌细胞的生长抑制作用。另有研究发现,卵巢癌患者卵巢组织中的circRNA_CDR1as表达显著低于正常人。沉默circRNA_CDR1as可上调miR-135B-5p的表达,降低缺氧诱导因子1-α抑制物(hypoxia-inducible factor 1-alpha inhibitor,HIF1AN)的表达,从而提高卵巢癌细胞的增殖能力。因此,circRNA_CDR1as本身发挥着抑制卵巢癌发生发展的作用(图4.2)。

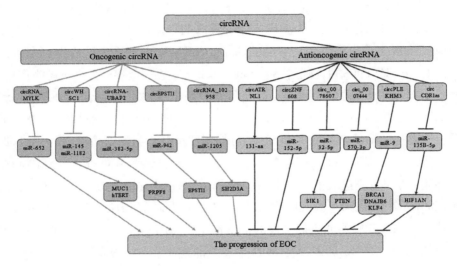

图4.2 参与卵巢癌进展的circRNA的总结图

三、circRNA与卵巢癌耐药

有研究发现,circRNA在卵巢癌的耐药中起重要作用。circ_CELSR1在紫杉醇耐药的卵巢癌组织和细胞中表达上调。circ_CELSR1基因敲除增强了紫杉醇的敏感性,抑制了紫杉醇耐药卵巢癌细胞的细胞活力、克隆形成和细胞周期进程,促进了细胞的凋亡。在机制分析方面,circ_CELSR1可以通过海绵吸附miR-149-5p正向调控SIK2的表达。miR-149-5p抑制后有效地恢复了circ_CELSR1基因敲除对紫杉醇耐药卵巢癌细胞紫杉醇耐药性和细胞进程的影响。此外,circ_CELSR1沉默抑制了卵巢癌对紫杉醇的体内耐药。circ_CELSR1通过调节miR-149-5p/SIK2轴提高卵巢癌对紫杉醇的耐药性。circATL2也发挥同样的促进紫杉醇耐药的作用。此外,miR-506-3p

可以被 circATL2 靶向,并且 miR-506-3p 的抑制逆转了 circATL2 基因敲除对紫杉醇抗性和耐紫杉醇的卵巢癌细胞进展的影响。核因子 1B(nuclear factor 1B,NF1B)是 miR-506-3p 的靶标。miR-506-3p 过表达抑制了对紫杉醇耐药的卵巢癌细胞的恶性行为以及卵巢癌细胞对紫杉醇的耐药性,而 NFIB 的上调则抑制了这种影响。总之,circATL2 通过海绵吸附 miR-506-3p 上调 NFIB 的表达,促进卵巢癌对紫杉醇的耐药性,为卵巢癌的化疗耐药提供了新的视角。外泌体 circFoxp1 也是预测卵巢癌患者生存和疾病复发的独立因素。其在卵巢癌患者体内表达显著增加,尤其是顺铂耐药的卵巢癌患者。在体内和体外实验中,circFoxp1 过表达可促进细胞增殖,增强对顺铂的耐药性,而 circFoxp1 基因敲除可抑制细胞增殖,增强顺铂敏感性。此外,miR-22 和 miR-150-3p 模拟物处理减弱了 circFoxp1 介导的顺铂耐药,而 miR-22 和 miR-150-3p 抑制剂处理增强了 circFoxp1 基因敲除的顺铂抗性。因此,circFoxp1 是 EOC 细胞中的一个癌基因,可使 EOC 细胞对顺铂产生耐药,其可作为 EOC 的生物标志物和潜在的治疗靶点。circCELSR1 在紫杉醇耐药的卵巢癌组织和细胞系中上调,circCELSR1 沉默增强了紫杉醇对卵巢癌细胞的细胞毒作用。同时,circCELSR1 的抑制也导致卵巢癌细胞 G0/G1 期停滞,细胞凋亡率增加。此外,circCELSR1 可以海绵吸附 miR-1252,并验证了叉头框 2(forkhead box R2,FOXR2)是 miR-1252 的一个新靶点,最终阐明了 circCELSR1-miR-1252-FOXR2 轴及其在卵巢癌药物敏感性和进展中的作用,为临床应用提供实验依据。大量证据表明 AKT 激活会导致化疗药物的耐药性,而 MK-2206 是口服 AKT 抑制剂,与标准化疗药物或分子靶向药物联用可预防 p-AKT 的产生并增强抗癌效果。Zhang 等发现 MK-2206 和紫杉醇对卵巢癌细胞的凋亡具有协同作用,并且这种协同作用在 circPLEKHM3 表达缺失的卵巢癌细胞中有所增强,揭示了在卵巢癌细胞中,circPLEKHM3 对紫杉醇耐药机制的探究具有重要作用。

第三节 总结与展望

在中国科学院发布的《2018 研究前沿》中,据统计 circRNA 已陆续荣登生物科学 top10 热点榜单和新兴前沿榜单,其细胞定位、成环机制和功能研究的热度不减,是非编码 RNA 领域最火热的明星分子。circRNA 影响着肿瘤的进展,目前,circRNA 正成为肿瘤生物学和治疗研究的新前沿,其在肿瘤诊断、治疗及判断预后具有巨大潜力。到目前为止已发现至少有数百个 circRNA 在卵巢癌组织中异常表达。其中许多已被证实可调节卵巢癌细胞的增殖、迁移、侵袭和凋亡,可能成为治疗卵巢癌的潜在生物标志物或有效的治疗靶点。尽管有关 circRNA 临床应用的一些新观点正在迅速产生,但在卵巢癌方面的实验和临床研究仍然滞后。例如,circRNA 的环化、降解和细胞定位机制仍然知之甚少。此外,由于外泌体已被证实含有稳定和丰富的 circRNA,但外泌体来源的 circRNA 是否对 EOC 的进展起关键作用并能否被开发为 EOC 的生物标志物和治疗靶点还有待进一步探索。

随着 circRNA 在癌症中的调节作用逐渐被揭示,它们可能被开发为有效的治疗靶点。已经提出了几种基于 circRNA 功能的治疗 EOC 的策略。首先,外源上调或下调相关 circRNA 来调节 miRNA 分子可能是一种有用的方法。目前已经应用了几种方法。例如,利用针对 circRNA 的特定反向剪接序列的 siRNA 或 shRNA 来抑制其表达。CRISPR/Cas9 系统可实现 circRNA 的敲除。而质粒和慢病毒载体则用于提高 circRNA 的水平。然而,如何控制内源性成环的过程仍不清楚。此外,合成 circRNA 海绵可能是一种简单、有效和方便的策略。最近,含有 miR-21 结合位点的人工合成的 circRNA 在体外被证明能够实现 miRNA 功能的靶向性丧失和抑制胃癌细胞的增殖,这表明人工合成的 circRNA 海绵可能在人类患者中具有潜在的治疗应用。虽然此类 circRNA 目前还没有在 EOC 中发现,但随着研究的深入,它在未来的肿瘤治疗中将有很好的应用前景。此外,应用 circRNA 作为蛋白质诱饵来调节疾病相关蛋白的释放和生物活性,或者靶向参与肿瘤发生或进展的具有编码能力的 circRNA,如 circ-SHPRH、circFBXW7 和 circFNDC3B 等,可能是潜在的治疗方法。

使用 circRNA 作为新的治疗靶点,拓宽了潜在的"可用药"靶点的范围。然而,circRNA 作为药物或靶点的真正临床应用还需要更详细和完整的实验数据,如安全性和有效性。所以,如何在体内安全地传递工程化 circRNA 是另一个问题。使用含有工程化 circRNA 或靶向 circRNA 的 siRNA 修饰的外泌体可能是一种有效的方法,因为大量研究已经证明,外泌体介导的 RNA 传送可以达到治疗目的。因此,将 circRNA 作为治疗靶点或工具的研究将是 circRNA 领域最引人注目的领域之一。

第五章
非编码 RNA 对肝癌的调控

第一节 肝癌和缺氧微环境

肝癌是一种致命的恶性肿瘤,根据肿瘤权威期刊 *CA: A Cancer Journal for Clinicians* 报道,肝癌的发病率在男性恶性肿瘤中居第 5 位、女性恶性肿瘤中居第 7 位;在我国高居恶性肿瘤发病率第 2 位,因此肝癌防治面临非常严峻的形势。肝癌分为原发性肝癌和转移性肝癌,原发性肝癌可分为肝细胞癌(hepatocellular carcinoma,HCC)、胆管癌(cholangiocarcinoma,CCA)和混合细胞型肝癌。其中,最常见的 HCC 占原发性肝癌的 75%～85%,是本章的重点。肝癌的发病率高、转移性强、预后较差,在大多数情况下,肝癌患者被诊断时多为晚期,因此手术切除和肝移植不是最佳的治疗选择,需要进一步研究以找到治疗肝癌的更好办法。

肿瘤与肿瘤微环境(tumor microenvironment,TME)之间的相互作用在肿瘤发生和进展中起着关键作用。TME 是指肿瘤细胞周围的微环境,包括周围的成纤维细胞、免疫细胞、血管、炎症细胞、各种信号分子和细胞外基质(extracellular matrix,ECM)。在肿瘤进展过程中,组织中的生理氧浓度受到阻碍,导致 TME 中的氧浓度低,称为缺氧或低氧。缺氧是 TME 的典型特征,也是癌症的标志,它通过肿瘤和基质细胞中的无数细胞活动促进肿瘤进展、转移和治疗耐药性。

一、TME 与肿瘤发生

2019 年诺贝尔生理学或医学奖授予威廉·凯林(William G. Kaelin)、彼得·拉特克利夫(Peter J. Ratcliffe)和格雷格·塞门扎(Gregg L. Semenza),表彰其在低氧感应方面做出的贡献。简单来说,Semenza 教授在研究促红细胞生成素(erythropoietin,EPO)时发现了缺氧诱导因子(hypoxia-inducible factors,HIF-1);Kaelin 发现了希佩尔-林道综合征蛋白(von hippel-lindau,VHL)是一种 E_3 泛素连接酶,并探究了其与 HIF-1 之间的相互作用;Ratcliffe 发现脯氨酰羟化酶(prolyl hydroxylase domain,PHD)的存在,使得 VHL 在茫茫蛋白中识别出 HIF-1α。其中,HIF-1 转录因子激活是 TME 中广泛研究的途径之一,HIF-1 有两个亚基,一个氧敏感的 α-亚基(HIF-1α)和一个组成型表达的 β-亚基(HIF-1β)。研究发现,HIF-1α 广泛参与了肝癌的发生发展。Zheng 及其同事分析了 HIF-1α 过表达与较差的总生存期(overall survival,OS)和无病生存期(disease-free survival,DFS)相关。HIF-1α 主要参与促进肿瘤增殖、迁移、侵袭和血管形成,以及 EMT、糖酵解调节和脂质代谢等方面,涉及各种信号通路(表 5.1)。

表 5.1 HIF-1α 在 HCC 中的作用及潜在机制

生物学功能	调节的基因及通路
迁 移	上调 TM4SF1-AS1 和 TM4SF1
侵 袭	HIF-1α/IL-8/NF-κB 轴
增 殖	激活 KDM4A-AS1/KPNA2/AKT 通路
自 噬	YTHDF1/ATG2A/ATG14 轴
血管形成	上调 Bclaf1 的表达
EMT	TGM2/VHL/HIF-1α 轴
糖酵解	TFBM2/SIRT3/HIF-1α 信号通路
耐药性	PFKFB3/HIF-1α 反馈回路

HIF-1α通过白细胞介素-8(interleukin-8,IL-8)/核转录因子-kappa B(nuclear factor kappa B,NF-κB)轴促进肝癌细胞的迁移和侵袭。此外，HIF-1α激活的 TM4SF1-AS1 通过增强跨膜 4L 六家族成员 1(transmembrane 4L 6 family member 1,TM4SF1)表达在促进肝癌细胞的增殖、迁移和侵袭中起重要作用。HIF-1α诱导的 EMT 是与转移相关的关键过程，Ma 等发现活化的肝星状细胞通过炎症信号促进 HCC 细胞中转谷氨酰胺酶 2(transglutaminase type 2,TGM2)上调，导致 HIF-1α 积累，从而产生假缺氧状态，促进 HCC 细胞中的 EMT。脂质代谢的重编程已成为癌症的标志，最近有研究报道 HIF-1α 与这一过程有关，脂肪酸结合蛋白 5(fatty acid-binding protein 5,FABP5)通过促进 HIF-1α 合成并破坏缺氧诱导因子 1α 抑制因子(factor inhibiting hypoxia-inducing factor 1 alpha,FIH)/HIF-1α 相互作用来增强 HIF-1α 活性，从而促进 HCC 细胞中的脂质积累和细胞增殖。

二、非编码 RNA 与 TME

研究表明，非编码 RNA 在多种癌症中异常表达，与肿瘤发生和转移密切相关，因此被认为是癌症(包括 HCC)的新型生物标志物和治疗靶点。由于非编码 RNA 的特点，大多数研究都集中在其调节 HCC 细胞功能和靶基因中的作用。研究表明，非编码 RNA 参与细胞间通讯，调节肿瘤免疫细胞的活化、增殖和细胞因子分泌，从而影响肿瘤的侵袭、转移和免疫逃逸。已发现许多非编码 RNA 在 HCC 细胞和 TME 之间起重要作用。

据报道，一千多个靶基因受 HIF-1α 调节，以介导缺氧诱导的表型，其中，由缺氧信号调节的非编码 RNA，被称为缺氧反应性非编码 RNA(hypoxia-responsive non-coding RNA,HRN)。根据与 HIF 复合物的相互作用，HRN 可分为参与 HIF-1α 介导的直接调节和 HIF-1α 介导的间接调节。miRNA 是研究最多的非编码 RNA，缺氧反应性 miRNA(hypoxia-responsive miRNA,HRM)在癌症的发生和发展中表现出可能的致癌或肿瘤抑制功能。lncRNA 的表达可以通过缺氧改变，进而通过多种机制调节 HIF-1α 活性，如染色质修饰、RNA 稳定性和蛋白质稳定性、HIF-1α 的转录活性调节。也有研究表明 lncRNA 还可作为 miRNA 的 ceRNA 在转录后水平调节相关 mRNA 的表达，包括 HIF-1α mRNA。总之，非编码 RNA 可以通过多种机制在转录后水平影响 HIF-1α,这对于调节 HIF-1α 表达至关重要(表 5.2)。

表 5.2 非编码 RNA 与 HIF-1α 在肝细胞癌中的研究进展

ncRNA	调节机制	功能
miR-29a	靶向 HIF-1α 的 3'UTR 以抑制表达	抑制肝细胞癌的发生
miR-142-3p	通过抑制 PI3K/AKT/HIF-1α 通路	抑制 HCC 侵袭并增强细胞凋亡
miR-138-5p	靶向 HIF-1α 并降低其表达	抑制肝细胞癌中的血管模拟
miR-322/424	靶向 CHL2/HIF-1α 途径	促进肝纤维化
PAARH	上调 HOTTIP 并激活 HIF-1α/VEGF 信号	促进肝细胞癌进展和血管生成
MAPKAPK5-AS1	MAPKAPK5-AS1 通过海绵 miR-154-5p 上调 PLAGL 的表达,从而激活 EGFR/AKT 信号	促进肝细胞癌的进展

第二节 非编码 RNA 在肝癌中的调控

一、miRNA

1. 肝癌中的致癌性 miRNA

针对肝病等多种疾病中的 miRNA 的研究正在逐渐扩大,表 5.3 总结了致癌性 miRNA 在肝癌中的发病机制和进展中的作用。

表 5.3 致癌性 miRNA 在 HCC 中的调控作用

miRNA	靶基因	生物学功能
miR-552	WIF1	促细胞迁移、侵袭和 EMT
miR-24-2	PRMT7	促进细胞增殖

续 表

miRNA	靶基因	生物学功能
miRNA-222	BBC3	促进细胞增殖、迁移和侵袭,并抑制细胞凋亡
miR-23b-3p	MICU3、AUH	促进细胞增殖
miR-18a-5p	CPEB3	促进细胞增殖、迁移和侵袭
miR-135b	MST1	促进细胞增殖、迁移
miR-103a	ATP11A 和 EIF5	促进细胞增殖、迁移
miR-1181	AXIN1	促进细胞增殖
miR-9-5p	ESR1	促进细胞增殖、迁移和侵袭
miR-452-5p	COLEC10	促进细胞增殖、迁移和侵袭
miR-27a	DUSP16	促进细胞增殖并抑制凋亡
miR-25	Fbxw7	促进细胞增殖、迁移和侵袭
miR-632	MYCT1	促进细胞增殖和侵袭
miR-93-5p	MAP3K2	促进细胞增殖、迁移和侵袭

miR-18a 在人类癌症中失调并与肿瘤发展有关。miR-18a-5p 是 miR-18a 的主要成熟体,其在肿瘤中的作用已被广泛研究。已有研究表明,miR-18a-5p 在 HCC 组织中显著上调,其表达与 HCC 的预后呈负相关。通过体外实验验证,miR-18a-5p 表达的下调显著抑制了 HCC 细胞的进展。机制上,miR-18a-5p 通过靶向细胞质多腺苷酸化元件结合蛋白 3 (cytoplasmic polyadenylation element binding protein 3,CPEB3)促进 HCC 细胞的进展。该研究有助于人们更好地了解 miR-18a-5p 潜在的促 HCC 进展机制,也有助于寻找新的 HCC 靶向的治疗方法。

Li 及其同事探讨了 miR-552 在 HCC 中的作用机制,与癌旁组织相比,HCC 组织中的 miR-552 的表达显著增加,并且其高表达预示着 HCC 患者的预后较差。接着,通过划痕和 Transwell 试验验证了 miR-552 可以促进 HCC 细胞的迁移、侵袭和 EMT,这些结果表明 miR-552 在 HCC 细胞中发挥着显著的致癌功能。机制上,miR-552通过与其直接靶基因Wnt抑制因子1(wnt inhibitory factor 1,WIF1)结合,使WIF1介导的糖原合酶激酶3β(glycogen synthase kinase-3β,GSK-3β)/β-catenin信号通路的激活降低,从而在HCC中发挥其致癌作用。

研究表明miR-23a/24-2/27a簇还可促进肝转移。为了确定其在肝癌中的调节机制,Yang等通过蛋白印迹实验表明,与癌旁组织相比,肝癌组织中成熟的miR-24-2显著增加。接下来,通过体内和体外实验证明miR-24-2加速肝癌细胞的生长。Hayashi等专注于miR-23b-3p的双重作用以确定它是否在HCC组织中作为肿瘤抑制或致癌miRNA发挥作用。该研究通过过表达miR-23b-3p显示其与肿瘤恶性和不良预后相关,证明miR-23b-3p在HCC癌变过程中充当致癌miRNA,并且线粒体钙摄取家族成员3(mitochondrial calcium uptake family member 3,MICU3)和烯酰辅酶A水合酶的AU结合同源物(the AU binding homolog of enoyl-CoA hydratase,AUH)都可能是miR-23b-3p的候选靶基因。

2. 肿瘤抑制性miRNA和肝癌

由于miRNA的双重性,表5.4总结了肿瘤抑制性miRNA在HCC中的生物学功能。

表5.4 肿瘤抑制性miRNA在HCC中的调控作用

miRNA	靶基因	生物学功能
miR-3619-5p	PSMD10	抑制细胞增殖
miR-203	PIK3CA	抑制细胞增殖
miR-378a	VEGFR、PDGFRβ、c-Raf	抑制细胞增殖并促进细胞凋亡
miRNA-26b	EphA$_2$	抑制细胞增殖并促进细胞凋亡
miR-424-5p	YAP1	抑制细胞增殖并促进细胞凋亡
miR-300	LEF-1	抑制细胞增殖、周期、迁移和侵袭并促进凋亡

续 表

miRNA	靶基因	生物学功能
miR-29a	Bcl-2	抑制细胞增殖
miR-126-5p	EGFR	抑制细胞增殖、迁移和侵袭
miR-1178-3p	TBL1XR1	抑制细胞增殖、迁移和侵袭
miRNA-4730	HMGA1	抑制细胞增殖并促进细胞凋亡
miR-493-5p	MYCN	抑制细胞增殖、侵袭
miRNA-302a/d	E2F7	抑制细胞增殖、周期
miR-664b-5p	AKT2	抑制细胞迁移和侵袭并促进凋亡
miR-27a-3p	PI3K/Akt pathway	抑制细胞周期并促进凋亡
miR-216b	USP28	抑制细胞增殖
miR-206	cMET	抑制细胞增殖、迁移和侵袭并促进凋亡

　　Furuta 及其同事，发现 miR-203 表达对 HCC 细胞系的生长有抑制作用，并提出其可能作为肿瘤抑制因子。一项聚焦于 HCC 患者临床病理特征的研究表明，miR-203 在 HCC 组织中表达显著低于在癌旁组织中的表达。Zhang 等发现，miR-203 过表达可以使 HepG2 和 Hep3B 细胞活力和细胞增殖显著下降。机制上，miR-203 通过直接靶向 PIK3CA 下调磷脂酰肌醇 3-激酶/蛋白激酶 B(phosphatidylinositol 3-kinase/protein kinase B,PI3K/Akt)信号传导，并且 miR-203 在原发性肝癌中还可调节原癌基因 c-Jun 和 p38 丝裂原活化蛋白激酶(p38 mitogen-activated protein kinases,p38 MAPK)的表达，从而发挥其抑癌功能。

　　通过分析来自健康供体和肝癌患者的肝组织样本中 miR-378a 的表达水平，发现与正常肝脏样本相比，肝癌样本中 miR-378a 的表达水平显著降低。通过双荧光素酶报告基因实验证实，miR-378a 靶向血管内皮生长因子受体(vascular endothelial growth factor receptor,VEGFR)、血小板衍生生长因子受体 β(platelet derived growth factor receptor β,PDGFRβ)和 c-加速纤维肉瘤(c-rapid accelerated fibrosarcoma,c-RAF),这三个基因也是索拉非尼的重要靶点。此外,miR-378a 增强了肝癌细胞对索拉非尼的敏感性。

与癌旁组织相比,HCC 组织中 miR-300 的表达显著下调,并预示着 HCC 患者的不良预后。机制上,有研究者发现 miR-300 通过直接靶向黏着斑激酶(focal adhesion kinase,FAK)/PI3K/AKT 信号通路抑制 EMT 从而抑制 HCC 细胞的迁移和侵袭。还有研究者表明,miR-300 可通过下调核前 mRNA 结构域蛋白 1B(cell-cycle-related and expression-elevated protein in tumor,CREPT)/Wnt/β-catenin 信号通路抑制肝癌细胞的生长。因此,miR-300 在 HCC 的侵袭和转移中起重要作用,可作为一个有前途的治疗靶点。

二、lncRNA

研究表明,lncRNA 作为癌基因或者抑癌基因,在调节 HCC 的进展、转移和侵袭中起关键作用。2011 年提出的 ceRNA 假说阐明了,lncRNA 除了直接调节靶基因外,还可以作为 miRNA 海绵竞争性结合 miRNA,从而减弱 miRNA 对靶基因 mRNA 的抑制作用,间接提高靶基因 mRNA 的表达水平,这些 lncRNA 被称 ceRNA(图 5.1)。

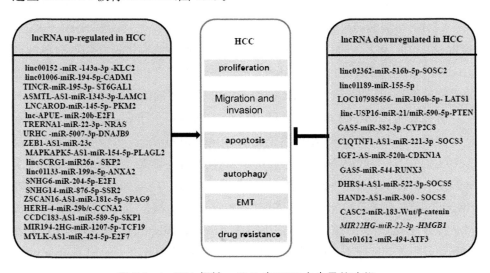

图 5.1　lncRNA 相关 ceRNA 在 HCC 中介导的功能

linc00152 也称为细胞骨架调节子(cytoskeleton regulator,CYTOR),一种基因间 lncRNA,由于启动子低甲基化,在人类 HCC 中显著上调,其上调促进肿瘤细胞增殖、迁移、侵袭和 EMT。此外,已经有研究表明 linc00152 可通过多种机制促进肝癌细胞的生长,包括转录失调和调节 miRNA 与其靶基因的结合。Pellegrino 等描述一个潜在的 ceRNA 网络,其中 linc00152 通过海绵吸附 miR-143a-3p,从而限制了其与靶基因驱动蛋白轻链 2(kinesin light chain 2,KLC2)的结合,进而使 linc00152 ceRNA 网络在肝癌增殖中发挥致癌功能。也有研究表明,linc00152 通过海绵 miR-139 作为 ceRNA,从而解除对磷脂酰肌醇 3-激酶催化亚基 α(phosphoinositide 3-kinase catalytic subunit alpha,PIK3CA,miR-139 的靶基因)的抑制,进而调节 PI3K/Akt/mTOR 通路的失活来促进 HCC 的肿瘤发生。这些研究意味着 linc00152 可能是进一步临床治疗 HCC 的生物标志物和新的治疗靶点。

由于复杂的相互作用网络,lncRNA 与癌症治疗耐药性之间的关系受到了越来越多的关注。终末分化诱导的非编码 RNA(terminal differentiation-induced non,TINCR)是表皮分化过程中诱导率最高的 lncRNA 之一,它与许多癌症的进展有关。TINCR 是具有双重功能的 lncRNA。Mei 及其同事研究发现,TINCR 在 HCC 组织中上调,并且与患者预后不良有关。机制上,作为一种 ceRNA,TINCR 海绵吸附 miR-195-3p 以增加靶基因 ST6 β-半乳糖苷 α-2,6-唾液酸转移酶 1(ST6 β-galactoside α-2,6-sialyltransferase 1,ST6GAL1)的表达,进而激活 NF-κB 通路促进肝细胞癌进展并降低对奥沙利铂(oxaliplatin,OXA)的化学敏感性,其研究阐明了 TINCR 作为一种有前途的生物标志物,其调控机制为 HCC 患者提供了潜在的治疗靶点。

研究表明,lncRNA GAS5 在肝癌组织或细胞系中下调,表明肝癌预后不良。然而,lncRNA GAS5 在自然杀伤(natural killer,NK)细胞中的表达以及 lncRNA GAS5 在肝癌 NK 细胞杀伤中的作用尚不清楚。Fang 首次报道了 lncRNA GAS5 在调控 NK 细胞对肝癌杀伤的作用。与对照组相比,肝癌患者 NK 细胞中 lncRNA GAS5 表达下调,接着证明了小核仁 RNA 宿主基因生长停滞特异性 5(growth arrest-specific 5,GAS5)和 miR-544 的相互作用,发现 GAS5 负调控 miR-544,正调控 Runt 相关转录因子 3(runt-related transcription factor 3,RUNX3)。GAS5 过表达显著降低了 HepG2 异种移植裸鼠的肿瘤体积,这表明 GAS5 可以成为治疗肝癌的生物学靶点。

Liu 等发现了一种新型 lncRNA——linc01612,其在包括 HCC 在内的癌症进展中的功能仍然未知。研究发现,linc01612 在 HCC 组织中下调,并与患者存活率相关。接着,通过 CCK8、克隆形成和 Transwell 实验验证,Linc01612 可抑制 HCC 细胞的生长和迁移。机制上,在表达 p53 的肝癌细胞中,linc01612 通过海绵吸附 miR-494 促进活化转录因子 3(transcription factor 3,ATF3)的表达,进而抑制小鼠双微体 2 基因编码的 MDM2 蛋白(mouse double minute 2,MDM2)介导的 p53 泛素化和激活 p53 通路并促进泛素介导的 Y-box 结合蛋白 1(Y-box binding protein 1,YBX1)降解。总之,linc01612 是 HCC 中的一种功能性 lncRNA,并且可作为 HCC 的潜在诊断生物标志物和治疗靶点。

三、circRNA

研究表明,circRNA 可以作为临床相关的生物标志物,用于癌症患者诊断和预后的指标。图 5.2 总结了最近发现的失调 circRNA,并叙述了它们在 HCC 中的功能和潜在机制。

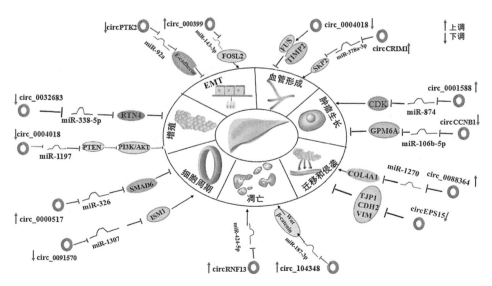

图 5.2　circRNA 的作用及调控网络机制

1. circRNA 在细胞增殖和抗凋亡中的作用

circ_0032683 在 HCC 组织中的表达显著低于正常肝组织,并被证明是 miR-338-5p 的海绵,体外和体内功能实验表明,其作为肿瘤抑制因子发挥作用。在 HCC 中 circ_0032683 的表达减少导致 miR-338-5p 活性增加,从而其靶标神经突生长抑制剂(reticulon-4,RTN4)的表达减少。因此,circ_0032683 通过 ceRNA 机制抑制了 HCC 的增殖能力。HCC 中细胞增殖途径的失调也可以由促癌 circRNA 介导,其中,circ_0003945 在 HCC 组织中上调,且较高的 circ_0003945 表达与肿瘤大小和肿瘤分期呈正相关。机制上,circ_0003945 可作为 miR-34c-5p 海绵发挥作用,上调其靶基因——富含亮氨酸重复的 G 蛋白偶联受体 4(G protein-coupled receptor 4,GR4)的表达,激活 β-catenin 通路,最终促进 HCC 的增殖。

研究证明,circ_0036412/miR-579-3p/GLI2 网络可以影响 HCC 的细胞周期进程。circ_0036412 在 HCC 细胞中过表达,并通过竞争性结合 miR-579-3p 上调胶质瘤相关癌基因同源物 2(glima-associated oncogene homology 2,GLI2)的表达,从而促进 HCC 细胞的增殖并促进细胞周期进展。

细胞凋亡是程序性细胞死亡,对凋亡程序的研究对于阐明肿瘤发展为高度恶性和对于治疗肿瘤耐药性至关重要。最近,有报道称 circRNA 在调控肝癌细胞凋亡机制的信号通路中具有相关性。图 5.2 中已有几项研究确定了可以调节细胞凋亡的 circRNA。除此之外,Duan 等在 HCC 中发现一种高表达的 circRNA——circMAP3K4,其可抑制肝细胞癌的细胞凋亡。circMAP3K4 在 HCC 中具有编码潜力,在 m6A 修饰的驱动下,可编码 circMAP3K4-455aa,circMAP3K4-455aa 通过与凋亡诱导因子线粒体相关 1(apoptosis inducing factor mitochondria associated 1,AIF)相互作用阻止顺铂诱导的 HCC 细胞凋亡,这可能为化疗耐药的 HCC 患者提供一种新的治疗策略。

因此,circRNA 在细胞增殖和肿瘤发生中的重要作用越来越清晰,为深入了解 HCC 发病机制提供了新思路。

2. circRNA 在侵袭、转移和血管生成中的作用

侵袭和转移与 EMT 密切相关,EMT 是指上皮细胞从分化特性转变为间质特性的生物学过程,其在源自上皮细胞的恶性肿瘤细胞获得能够侵袭的特征能力中起着至关重要的作用和转移。最近的研究表明,一些 EMT 相关的

circRNA 可以影响 HCC 的 EMT 过程。例如，circPTK2 可以调节 HCC 中的 EMT。研究发现，miR-92a 在 HCC 组织和 HCC 细胞系中上调，circPTK2 可作为 miR-92a 的海绵抑制其表达，从而下调其靶基因 E-钙黏蛋白（E-cadherin）的能力，进而来抑制肝细胞癌中的 EMT。Song 等在有/无门静脉肿瘤血栓（portal vein tumor thrombosis，PVTT）转移的 HCC 患者中发现，circ_0003998 在 PVTT 组织和 HCC 组织中的表达显著上调，其表达与 HCC 患者的侵袭性特征相关。进一步研究发现，circ_0003998 可以作为 miRNA-143-3p 的 ceRNA，从而减轻其对 FOS 样 2（FOS-like 2，FOSL2）的抑制；同时，circ_0003998 可以与 poly（rC）结合蛋白 1（poly（rC）binding protein 1，PCBP1）结合，提高 EMT 相关基因 CD44v6 的表达水平，从而促进肝细胞癌中的上皮向间质转化。

研究表明，血管生成在肿瘤的快速生长和转移中发挥了重要作用。Wu 等在 HCC 中发现一种下调的 circRNA——circ_0004018，通过一系列功能试验，发现 circ_0004018 的过表达显著抑制了 HCC 中的血管生成。机制上，由雌激素受体 1（estrogen receptor 1，ESR1）激活的 circ_0004018 通过与肉瘤融合蛋白（fused in sarcoma，FUS）结合并稳定 TIMP 金属肽酶抑制剂 2（TIMP metallopeptidase inhibitor 2，TIMP2）表达，从而抑制 HCC 中的血管生成。Yang 等发现 HCC 组织中 circCRIM1 的表达高于相应的相邻正常样本，并与预后不良有关。进一步研究发现，circCRIM1 可以充当 miR-378a-3p 的海绵从而上调其靶基因 S 期激酶相关蛋白 2（S-phase kinase-associated protein 2，SKP2）的表达，促进肝细胞癌增殖、转移和血管生成。

第三节 总结与展望

越来越多的研究证实，非编码 RNA 可以作为治疗 HCC 的预后生物标志物和治疗靶点。其中，miRNA 是最常被研究的，其中一些已被证明在 HCC 中显著失调，促进肝肿瘤进展并与 HCC 患者的预后明显相关。此外，不同类型非编码 RNA 之间的调控网络，如 lncRNA-miRNA、circRNA-miRNA，表明非编码 RNA 在 TME 调控中的复杂性。鉴于非编码 RNA 的组织特异性表达，一些非编码 RNA 生物标志物或治疗靶点可能对单一肝脏疾病具有高度特异性，从而可以用于 HCC 的诊断和靶向治疗。这些发现为非编码 RNA 介导的 HCC 微环境、代谢和肿瘤细胞状态之间的相互作用提供了新的见解。

TME 在肝细胞的发生和发展中起着关键作用。持续的肝损伤和同时发生的再生可能会产生一个环境，最终导致缺氧和炎症的形成，这是 TME 关键特征。在缺氧条件下，HIF-1α 是一种重要的转录因子，介导缺氧对肿瘤细胞和 TME 的适应性调节的影响。HCC 中 HIF-1α 的表达明显高于正常肝细胞中的表达。HIF-1α 是 HCC 细胞适应缺氧微环境的关键调节因子，许多研究已经证明了 HIF-1α 作为治疗靶点的可行性，这表明通过直接或间接方式改变 HIF-1α 活性的干预措施可能对治疗 HCC 有效。

已发现许多非编码 RNA 通过转录后水平调节 HIF-1α 的表达，进而调控 TME。因此，基于抗非编码 RNA 的癌症干预疗法的临床前研究受到了极大的关注，并衍生出了一系列临床药物。例如，Alip 及其同事通过体内和体外实验验证了 miR-199a-3p 通过下调 TME 中的趋化因子血管内皮生长因子 A(vascular endothelial growth factor A, VEGFA)，来减弱 HCC 中的多个细胞间通讯，并证明了这是一种有价值的治疗 HCC 的方法。miR-34a 是一种天然存在的肿瘤抑制因子，基于 miR-34a 的癌症治疗已经在晚期实体瘤患者中进行了研究。虽然由于免疫毒性，这项基于 miRNA 疗法的首次人体临床试验提前结束，但不能否认 miR-34a 在治疗 HCC 原位小鼠模型中显著抑制了肿瘤生长这一事实。因此，在非编码 RNA 水平上探索和研究天然药物对 TME 的调节作用是有希望的。

由此可见，非编码 RNA 对肝肿瘤 TME 的调控为 HCC 的探索和治疗提供了新的方向。其中，基于非编码 RNA 的调控网络，非编码 RNA 的靶基因及相关的信号通路正在成为新的药物研发的目标。我们相信，非编码 RNA 在未来可能被用作液体活检和非侵入性生物标志物，用于癌症的早期检测、诊断和治疗。

第六章
非编码 RNA 与胸腺肿瘤

胸腺肿瘤是前纵膈最常见的肿瘤,来源于胸腺上皮细胞的癌变,主要包括胸腺瘤、胸腺癌和胸腺神经内分泌肿瘤,其中最为常见的是胸腺瘤与胸腺癌。胸腺肿瘤相较于其他癌症较为罕见,且临床上胸腺肿瘤患者被确诊时几乎多为晚期,手术治疗与放化疗作用不理想,预后较差。相较于其他类型的肿瘤,胸腺肿瘤患者的个体差异较大且组织病理学分类较为复杂,个体化治疗困难,难以确定预后。2015 年世界卫生组织(World Health Organization,WHO)根据胸腺上皮肿瘤细胞的异质性程度、与正常胸腺组织的相似程度以及淋巴细胞受累比将胸腺瘤划分为 A、AB、B1、B2 和 B3 型,胸腺癌为 C 型,一般情况下,A 型与 AB 型多为良性的肿瘤,B 型多为恶性肿瘤,C 型恶性肿瘤的程度会比较严重,B3 型一般属于轻中度的恶性肿瘤,此时恶性肿瘤的患者可能没有任何的临床症状,也可能会出现局部肢体的肿胀以及呼吸困难等症状。因此,这一分类方式确定了胸腺肿瘤的不同的临床治疗方案。在分子生物学方面,不同组织学类型的胸腺瘤与胸腺癌基因组表达模式不同,这一发现对胸腺肿瘤临床诊断具有较高的应用价值。

对于恶性肿瘤的治疗,多数采取手术治疗为主。在手术治疗后,也可以配合放射治疗、化学治疗以及中医中药治疗等多种治疗方式进行辅助性的治疗,控制病情,避免恶性肿瘤的发生转移。随着精准治疗的时代到来,胸腺肿瘤的临床靶向治疗与免疫疗法的开发也取得了明显的进展,例如酪氨酸激酶抑制剂与程序性死亡受体 1(programmed death 1,PD-1)/程序性死亡受体配体 1

(PD ligand 1,PD-L1)抗体已被证明对胸腺肿瘤有效,治疗晚期与转移性胸腺癌的仑伐替尼进入了Ⅱ期临床试验,并取得了良好成效。尽管对胸腺肿瘤的临床诊断与治疗已取得阶段性的成果,然而胸腺肿瘤依然是患者生命健康的重要威胁,需要更多的关注与探索。

非编码 RNA 在体内构成复杂的调控网络,其中 miRNA、lncRNA 与 circRNA 是重要组成成员,在癌症的发生发展中起到关键的基因调控与表观遗传学调控作用。近年来,研究表明非编码 RNA 网络通过调控基因表达影响胸腺肿瘤的进展,对胸腺肿瘤的临床诊断与治疗具有重要意义。本章探讨非编码 RNA(miRNA,lncRNA 与 circRNA)在胸腺瘤中的功能,以期为未来胸腺肿瘤中的分子机制探索与临床应用提供理论依据。

第一节　miRNA 在胸腺肿瘤中的作用

一、胸腺肿瘤中的 miRNA

miRNA 被认为是胸腺肿瘤的诊断标志物与治疗靶点。通过生物信息学工具分析胸腺肿瘤中 miRNA 的表达谱的改变,并且基于 miRNA 5′端的关键序列与 mRNA 3′-UTR 区结合的性质进行潜在的靶标预测已成为研究者们关注的重点。通常率先用生物信息学研究 miRNA 表达的变化,生物信息学分析的重点在于寻找胸腺肿瘤中明显差异表达的 miRNA,对其进行鉴定,从而确定其靶标,进而为阐明该 miRNA 在胸腺肿瘤中的分子机制提供依据。

生物信息学方法预测影响胸腺肿瘤的潜在 miRNA 时,关注胸腺癌与胸腺瘤及其不同组织学的 miRNA 表达差异。Enkner 等人分析了 5 例胸腺癌与 5 例 A 型胸腺瘤样本中 miRNA 表达谱差异。相较于 A 型胸腺瘤,miR-21、miR-9-3 和 miR-375 在胸腺癌中表达量很高,miR-34b、miR-34c、miR-130a 和 miR-195 则相反,表现为低表达。杜军等人则分析了 3 例 B3 型胸腺瘤与 3 例胸腺鳞状细胞癌的 miRNA 表达谱,表达谱对比结果显示 32 种 miRNA 在胸腺癌中表达上调,19 种 miRNA 在胸腺癌中表达下调。近年来,对于胸腺肿瘤中 miRNA 的生物信息学研究趋势主要是 miRNA 调控胸腺肿瘤功能的富集。这使得预测结果更加有利于 miRNA 在胸腺肿瘤中分子调控机制的探索,并且研究更加贴近于临床应用。简单的说,miRNA 可能作为潜在的生物标志物与治疗靶点,为临床诊断与治疗胸腺肿瘤提供方案。Liu 和 Meng 的一项研究表明,分析了非编码 RNA 与相关联靶基因的关系,阐明非编码 RNA 的调控功能。研究者共分析了 213 组非编码 RNA 和相应的靶基因,结果显示 miR-3977、miR-4460 和 miR-542-3p 及长链非编码 RNA BCL11A 调控两个影响胸腺肿瘤功能的模块,因此这 4 个非编码 RNA 与胸腺瘤的进展密切相关。Yang 等人详细的研究了胸腺肿瘤中 KIT 配体基因(KIT ligand gene,KITLG)的功能。在很多肿瘤中 KITLG 起到促癌的作用,该研究分析了 miRNA 表达谱与 KITLG 基因及其与丝裂原活化蛋白激酶(mitogen-activated protein kinase,MAPK)信号通路上游关键因子的关系。Wang 等人研究了与巨噬细胞浸润等胸腺肿瘤免疫微环境相关的 miRNA,根据 WHO 组织学分期,相较于 A-AB 或 B1-B3 型胸腺瘤,C 型中 miR-130b-5p、miR-1307-3p 和 miR-425-5p 表达量显著上调,且与预后相关。Bellissimo 等人通过对 5 例 B 型胸腺瘤手术患者随访,并对手术样本进行分析,结果显示血浆中 miR-21-5p 和 miR-148a-3p 可以作为胸腺肿瘤的非侵入性生物标志物,预示胸腺瘤的预后。总的来说,胸腺肿瘤 miRNA 表达谱与功能分析中,胸腺癌与胸腺瘤的病理学与组织学差别至关重要。

二、miRNA 在胸腺肿瘤中的生物学功能

miRNA 在胸腺肿瘤中的分子机制尚不清楚,但它们依然为胸腺肿瘤临床诊断治疗提供了有力的证据或方案。胸腺瘤的一个显著特征是胸腺上皮细胞的异常增殖。由于年龄的增加,胸腺随之退化,Guo 等人对比不同年龄小鼠胸腺上皮细胞中 miR-195a-5p 的表达量变化,以研究其是否在胸腺瘤中也具有抑制肿瘤功能,结果表明,miR-195a-5p 抑制了胸腺上皮细胞增殖与细胞周期相关基因,并且通过靶向转化生长因子 β 通路负调控因子 SMAD 家族组分 7 (SMAD family member 7,Smad 7)发挥作用。另一项研究表明 miR-145-5p 不仅靶向胸腺肿瘤原癌基因高尔基膜蛋白(Golgi membrane protein 1, GOLM1)和钙粘着蛋白 2(Cadherin 2,CDH2)mRNA,发挥抑癌功能,还受到组蛋白脱乙酰酶(histone deacetylase,HDAC)的表观遗传学调控。除此之外,抑制 HDAC 活性后释放的 miR-145-5p 可增强表皮生长因子受体酪氨

酸激酶抑制剂(epidermal growth factor receptor tyrosine kinases inhibitor, EGFR-TKI)对胸腺肿瘤的治疗效果。

胸腺癌常常会引发重症肌无力称为胸腺癌相关重症肌无力(thymoma-associated myasthenia gravis, TAMG)。重症肌无力(myasthenia gravis, MG)是一种T细胞等免疫细胞异常并由个体本身抗体介导的自身免疫性疾病,临床表现为肌肉疲劳无力。由于胸腺是人体重要的淋巴器官,其异常易导致免疫功能失调,因此重症肌无力是胸腺肿瘤常见的并发症。

Xin等的研究表明miR-20b在胸腺肿瘤中相当于抑癌基因的作用,在胸腺肿瘤及TAMG患者的胸腺瘤组织与血清中,miR-20b在患者的样本中表达下调。miR-20b通过靶向活化的T细胞核因子5(nuclear factor of activated T cells 5, NFAT5)和钙调蛋白结合转录激活因子1(calmodulin binding transcription activator 1, CAMTA1)抑制NFAT信号通路,进而抑制T细胞的增殖与活性。除此之外,在TAMG组织与血清以及活化的T细胞中,miR-522-3p表达下调,其靶向免疫细胞功能调节因子溶质载体家族31成员1(solute carrier family 31 member 1, SLC31A1),并抑制T细胞的活化(表6.1)。

表6.1 miRNA在胸腺癌中的分子生物学功能

胸腺肿瘤相关miRNA	肿瘤表达水平	促进/抑制癌症	靶mRNA	生物学功能
miR-195a-5p	下调	抑制	Smad7	抑制胸腺上皮细胞增殖
miR-145-5p	下调	抑制	Golm-1,CDH2	阻滞胸腺上皮细胞周期,降低细胞活力
miR-125a-5p	上调	促进	FOXP3	诱导Jurkat T细胞过度增殖
miR-20b	下调	抑制	NFAT5,CAMTA1	抑制NFAT信号通路与T细胞的增殖和激活
miR-522-3p	下调	抑制	SLC31A1	抑制T细胞的活化

第二节 lncRNA 在胸腺肿瘤中的功能

一、胸腺肿瘤中的 lncRNA

在胸腺肿瘤中，lncRNA 同样作为一种特异性表达的活性分子，影响癌症进程。与 miRNA 相同，相较于正常胸腺组织，胸腺肿瘤中 lncRNA 的表达谱具有显著的差别，这些差异表达的 lncRNA 是胸腺肿瘤临床诊断与预后的关键因素。Su 等人通过 RNA-seq 鉴定出了 4 个与胸腺肿瘤无复发生存期（recurrence-free survival，RFS）相关的 lncRNA，并将其作为预测胸腺肿瘤患者复发的危险因素，具有较高的临床应用价值。在此基础上，Su 等人基于免疫检查点抑制剂的开发与上述的研究成果，选择了 6 个免疫相关的 lncRNA 作为胸腺肿瘤预后和免疫治疗的预测方案。Liu 等人鉴定分析了通用转录因子 2I（general transcription factor IIi，GTF2I）突变的胸腺肿瘤中 5 对免疫相关的差异表达 lncRNA 作为风险评估模型。通常可以用生物信息学分析 lncRNA 的潜在靶目标调控以揭示其在胸腺肿瘤中的分子机制。

二、lncRNA 在胸腺肿瘤中的生物学功能

1. lncRNA 作为竞争性 RNA

lncRNA 的一个重要分子机制是竞争性内源性 RNA（competing endogenous RNA，ceRNA）功能，通过结合 miRNA 等影响其功能，最终调控基因表达。lncRNA-miRNA-mRNA 调控网络在胸腺肿瘤的发生发展中起到至关重要的作用，Chen 等人通过数据库分析了不同组织学类型胸腺瘤与胸腺癌差异表达的 lncRNA、miRNA 与 mRNA，并构建 lncRNA-miRNA-mRNA 调控网络，包括 3 个 lncRNA（lncRNA LINC00665，lncRNA NR2F1-AS1 和 lncRNA RP11-285A1.1）、4 个 mRNA（DOCK11，MCAM，MYO10 和 WASF3）和 4 个 miRNA（hsa-miR-143，hsa-miR-141，hsa-miR-140 和 hsa-miR-3199），对胸腺肿瘤预后的预测准确。Ji 等人通过 RNA-seq 与数据库分析构建了 lncRNA-mRNA-miRNA 调控网络，表明 lncRNA 不仅通过 ceRNA 功能结合 miRNA，还影响多种编码蛋白的基因，进而调控 miRNA

的表达,最终激活胸腺瘤相关的多种信号通路。研究表明在胸腺瘤中上调的miRNA将触发一些编码基因的表达,激活信号通路如PI3K-Akt信号通路、FoxO信号通路和HIF-1信号通路等,因此研究者认为这些信号通路的抑制剂将成为胸腺瘤的候选药物。

  胸腺肿瘤中lncRNA已被研究揭示的分子机制中最常见的是作为一种ceRNA海绵,与miRNA结合并阻断其沉默靶基因的功能,进而介导调控基因表达作用。例如,lncRNA MALAT1通过海绵吸附miR-145-5p增强转录因子HMGA2的表达,促进胸腺癌细胞的增殖并抑制其凋亡。lncRNA LOXL1-AS1作为一种分子海绵,靶向吸附miR-525-5p并上调热休克蛋白家族A成员9(heat shock protein family A member 9,HSPA9)促进胸腺肿瘤细胞的生长、侵袭并抑制其凋亡。研究表明,lncRNA具有导致免疫细胞对胸腺肿瘤的免疫监视失调的功能。例如,被称为假基因的一种lncRNA RP11-424C20.2在胸腺瘤中高表达,并通过海绵吸附miR-378a-3p上调免疫相关分子泛素样含PHD环指域1(ubiquitin-like containing PHD ring finger 1,UHRF1),介导IFN-γ依赖的细胞毒性T淋巴细胞相关蛋白4(cytotoxic T lymphocyte associate protein-4,CLTA-4)和程序性死亡受体配体1(programmed death ligand 1,PD-L1)通路相关的免疫逃逸。抑制UHRF1联合免疫治疗可能是一种潜在的临床治疗方案。lncRNA对于胸腺肿瘤的能量代谢具有重要的调控作用,脂质代谢等能量代谢的异常会显著促进胸腺肿瘤的发生发展。在胸腺肿瘤中,LINC00174通过靶向海绵吸附重要的肿瘤抑制因子miR-145-5p,提高脂质相关代谢分子硬脂酰辅酶A去饱和酶5(stearoyl-CoA desaturase 5,SCD5)的表达,参与脂质代谢的调控,最终增强胸腺肿瘤细胞的迁移能力。在TAMG进展期,LINC00452/miR-204/糖磺基转移酶4(carbohydrate sulfotransferase 4,CHST4)轴调节可能通过减少胸腺Treg以及促进外周T细胞招募调控免疫功能,导致TAMG的发展(表6.2)。

  2. lncRNA与甲基化修饰

  非编码RNA世界中,lncRNA由于其时空表达的特异性与结构的复杂性,在癌症的发生发展中往往表现出多样性的分子机制。遗憾的是,在胸腺肿瘤中,目前已发现的lncRNA分子机制却非常单一,仅作为一种ceRNA发挥基因调控功能。仅有一项研究介绍了MALAT1的甲基转移酶样3(methyltransferaselike 3,METTL3)依赖的 m^6A 修饰影响了致癌因子 MYC 的表达,促进胸腺肿瘤的进展,但是 MYC mRNA 水平仅受到 METTL3 调控。显然,MALAT1 并非作为 ceRNA 调控 MYC 的水平。然而,遗憾的是本项研究并未进一步揭示 MALAT1 调控 MYC 翻译水平的具体调控机制,还有待进一步研究。因此,胸腺肿瘤中的 lncRNA 还有许多未知的分子调控机制,进一步的探索将具有非常好的临床应用价值。我们希望未来有更多的研究者进行更深层次的研究(表 6.2)。

表 6.2 lncRNA 在胸腺癌中的生物学功能

肿瘤相关 lncRNA	肿瘤表达水平	促进/抑制癌症	分子作用机制	生物学功能
MALAT1	上调	促进	海绵吸附 miR-145-5p 上调 HMGA2 受到甲基转移酶 METTL3 的 m^6A 修饰,影响 MYC 蛋白合成	促进胸腺癌细胞的增殖并抑制其凋亡 促进胸腺上皮细胞的增殖并抑制细胞死亡
LOXL1-AS1	上调	促进	海绵吸附 miR-525-5p 上调 HSPA9	促进胸腺肿瘤细胞的生长侵袭并抑制其凋亡
RP11-424C20.2	上调	促进	海绵吸附 miR-378a-3p 上调 UHRF1	介导免疫逃逸
LINC00174	上调	促进	海绵吸附 miR-145-5p 上调 SCD5 参与脂质代谢	增强人胸腺癌细胞系 TC1889 迁移
LINC00452	上调	促进	海绵吸附 miR-204 上调 CHST4	减少胸腺 Treg 并招募外周 T 细胞导致 TAMG 的发展

第三节　circRNA 在胸腺肿瘤中的功能

circRNA 在胸腺肿瘤中具有重要的基因调控与表观遗传学等重要的生物

学功能。目前仅有一项研究揭示了 circRNA 在胸腺瘤中的表达差异与潜在的功能。Wu 等人通过对胸腺瘤组织样本进行 RNA-seq，并对筛选的 4 个最显著的 circRNA 进行 qRT-PCR 验证，证明 hsa_circ_0001173、hsa_circ_0007291、hsa_circ_0003550 与 hsa_circ_0001947 在胸腺瘤中显著上调。circRNA 最常见的分子作用机制是作为 ceRNA 影响 miRNA 功能，与 lncRNA 相同。在 circRNA-miRNA-mRNA 调控网络中，上述 4 个 circRNA 与 214 个潜在的 miRNA 相互关联，并且参与 MAPK 通路与 TNF 通路。除此之外，hsa_circ_0007291 与 hsa_circ_0001947 的亲本基因与胸腺癌患者的预后同样显著相关。

circRNA 的表达具有时空与疾病特异性，并且具有复杂的分子生物学功能，在调控癌症的分子机制中占据重要的地位。很显然，circRNA 与胸腺肿瘤的发生发展同样密切相关。然而，我们对 circRNA 在胸腺肿瘤中的表达方式与作用方式依然知之甚少。因此，关于 circRNA 在胸腺肿瘤中的表达谱与生物学功能还需要更多的关注与更加深入的探索，以发掘其潜在的分子调控机制和临床诊断与治疗意义。

第四节 总结与展望

相较于其他肿瘤，胸腺肿瘤较为罕见，且临床诊断多为晚期，因此深入研究影响胸腺肿瘤发生发展的分子作用机制有利于制定更加合理的临床早期诊断与治疗方案。随着高通量检测技术与分子生物学技术的发展以及计算机与生物学技术结合的日趋紧密，胸腺肿瘤中更加复杂且重要的非编码 RNA 调控网络被揭示，其表达模式与潜在功能对胸腺肿瘤的影响非常广泛。本章讨论了 miRNA、lncRNA 与 circRNA 对胸腺肿瘤的基因调控作用，特别关注了胸腺瘤的常见并发症——TAMG，即胸腺瘤相关重症肌无力，以期为未来的胸腺肿瘤中非编码 RNA 与分子机制的研究提供更加充实的理论依据。

遗憾的是，由于对胸腺肿瘤的关注较少且研究不深，非编码 RNA 调控网络，特别是 circRNA 在胸腺肿瘤中的功能尚未被很好的揭示。lncRNA 与 circRNA 在胸腺肿瘤中最常见的功能是作为 ceRNA 与 miRNA 结合调控其沉默靶基因，然而它们的生物学功能却并不是单一的。最近有研究表明，由于

lncRNA 与 circRNA 来源于 mRNA 的剪切与拼接,它们具有类似于 mRNA 的开放阅读框,具有潜在编码蛋白因子的潜力。研究表明某些 lncRNA 与 circRNA 在序列中含有开放阅读框,并且具有核糖体内部进入位点,这样能够编码多肽,作为一种重要的调控因子抑制或促进癌症的进展。因此,lncRNA 与 circRNA 在胸腺肿瘤中的分子作用机制值得进一步的探索。值得注意的是,胸腺肿瘤的组织病理学分期更加复杂与精细,不同分期的分子表达模式具有差异,应当注意分子作用机制在不同分期的胸腺肿瘤中是否具有普适性。

第七章
tRF 在肺癌与卵巢癌中的作用

第一节 tRF 的分子生物学

一、tRF 的来源与分类

tRF 最早是在饥饿状态下的四膜虫中发现的。1977 年，Borek 等首次在癌症患者的尿液中通过 β-氨基异丁酸标记发现了 tRF，并且认为是他们是 tRNA 随机降解的产物。后面越来越多的研究表明，tRF 更多是在细胞应激状态下产生的，由核糖核酸酶(ribonuclease, DICER)或血管生成素(angiogenin, ANG)在 tRNA 特定位点切割而成的一类长度约为 14～35 nt 的非编码 RNA，并非随机降解的产物，而且在肿瘤中具有重要的功能。

根据 tRF 的种类与来源，可以分为以下 5 种：① 来源于前体 tRNA 的 3′端，富含 poly U 残基的 3′U-tRF；② 在成熟 tRNA 的 5′端 D 环区域断裂而形成的 5′-tRF；③ 在成熟 tRNA 的 3′端 TΨC 环区域断裂而形成的 3′-tRF；④ 在成熟 tRNA 的反密码子环区域断裂而形成的 5′半分子(5′tRNA halves, 5′-tRH)以及 3′半分子(3′tRNA halves, 3′-tRH)；⑤ 在成熟 tRNA 内部区域断裂而形成的内部 tRF 分子(internal tRF, i-tRF)。

二、tRF 的作用机制及在癌症发生发展中的作用

tRF 的作用机制不断被发现，不少 tRF 与 miRNA 表现出相

似的性质,即通过与 argonaute(AGO)蛋白家族结合,抑制靶基因的表达,并且这种结合方式很大程度上依赖于序列上的互补以及 tRF 的经典种子序列位点。尽管如此,tRF 与 AGO 蛋白家族中 AGO2 蛋白的结合能力远远低于 miRNA,这也意味着 tRF 的作用方式更为广泛。

tRF 不仅在转录水平调节基因的表达,还参与蛋白质翻译进程的调控。Goodarzi 等发现,含有"CU-box"结构域的 tRF 可以竞争性地取代某些促癌基因与 RNA 结合蛋白 YBX1 的结合,降低促癌基因 mRNA 的稳定性,最终抑制乳腺癌的发展。另外,tRF 同样对细胞内核糖体的生物发生产生影响,Kim 等发现来源于 tRNA^{Leu} 3′端长度为 18~20 nt 左右的 LeuCAG3′tsRNA 通过序列互补配对改变核糖体蛋白 S28(ribosomal protein S28,RPS28)的 mRNA 二级结构,提高核糖体的生物发生,影响细胞内的翻译进程。

不仅如此,研究表明,由 ANG 切割产生的 tRF 抑制了小鼠成纤维细胞的凋亡。探究其机制发现,此类 tRF 易与线粒体释放的细胞色素 C(cytochrome C,CytC)结合形成复合体,影响细胞内线粒体参与的凋亡途径。胰腺导管癌中低表达的 tRF-21 同样可以通过调节核内不均一核糖核蛋白(heterogeneousnuclear ribonucleoprotein L,hnRNP L)的磷酸化水平,抑制 caspase-9 mRNA 前体的剪切,从而促进细胞凋亡。

此外,tRF 对细胞间通讯具有调节作用。Chiou 等的研究表明,T 细胞激活时可以增强含有 tRF 的细胞外囊泡分泌,并且 tRF 在这些细胞外囊泡中的丰度极高,使用反义寡核苷酸抑制 tRF 的表达可以促进 T 细胞的活化和细胞因子的产生。

近几年,tRF 在癌症中的作用也逐渐成为研究热点,异常表达的 tRF 被证明与多种癌症的发生发展密切相关(表 7.1)。它们通过影响细胞内的稳态平衡及相关信号通路的激活,改变细胞正常的生命周期,对癌症的发生发展起到调控作用。Veronica 等发现,tRF 的表达谱在卵巢癌、慢性淋巴细胞白血病、乳腺癌、肺癌和结肠癌中有明显的不同。tRNAGlu 来源的 tRF-Glu-TTC-027 能够通过靶向 MAPK 信号通路抑制胃癌的发生发展,并且 tRF-Glu-TTC-027 agomir 的使用在动物水平展现了良好的抑癌效果。tRNA 去甲基化酶 ALKBH3 将影响 Hela 细胞内 5′-tDR-GlyGCC 的产生,细胞功能实验表明,5′-tDR-GlyGCC 增强了 HeLa 细胞的增殖。5′-tiRNAVal、tRF3E、

CU1276 等同样被证明通过调控细胞内的信号转导或靶向抑制某些促癌基因的表达,可以遏制乳腺癌、B 细胞淋巴瘤的发展。更加令人欣喜的是,一些特异性表达的 tRF 已经被发现可以用来作为癌症潜在的临床诊断及预后标志物。

表 7.1　tRF 在癌症发生发展中的作用

tRF	类　型	生物学功能	癌　症
tRF^{Glu} & tRF^{Asp} & tRF^{Gly} & tRF^{Tyr}	5′- tRF & 3′- tRF	降低致癌基因转录本的稳定性	乳腺癌
LeuCAG3′tsRNA	3′- tRF	促进核糖体发生,抑制细胞凋亡	肝癌
tRF - 21	i - tRF	促进细胞凋亡,抑制细胞转移	胰腺导管癌
tRF - Glu - TTC - 027	3′ U tRF	靶向 MAPK 信号通路	胃癌
5′- tDR - GlyGCC	5′- tRF	由 ALKBH3 调控,促进细胞增殖及核糖体组装	宫颈癌
5′- tiRNAVal	5′- tRH	抑制 FZD3/Wnt/β - Catenin 信号通路	乳腺癌
tRF3E	3′- tRH	促进 p53 表达	乳腺癌
CU1276	3′- tRF	抑制细胞增殖,调节 DNA 损伤	B 细胞淋巴瘤
i - tRF - GlyGCC	i - tRF	预后不良的潜在生物标志物	慢性淋巴细胞白血病
5′- tRF - GlyGCC	5′- tRF	在患者血浆中高表达,潜在的诊断生物标志物	结直肠癌
tsRNA - 5001a	5′- tRF	促进细胞增殖,与预后不良有关	肺癌
tRF - Leu - CAG	5′- tRH	促进细胞增殖和周期进程	非小细胞肺癌

第二节　tRF 在肺癌与卵巢癌中的作用

一、tRF 与肺癌

tRF 在肺癌发生发展中的作用，目前部分研究已经有所涉及。tsRNA-5001a——一类最新发现的 tRF，被证明在肺腺癌组织中明显高表达，并在细胞水平显著促进肺癌细胞系 A549 及 PC9 的增殖能力，同时通过 RNA 测序以及序列比对确定了 tsRNA-5001a 可能的靶基因：肿瘤坏死因子受体相关因子 1(TNF receptor associated factor 1，TRAF1)、核受体亚家族 4A 组成员 3(nuclear receptor subfamily 4 group A member，NR4A3)和生长抑制和 DNA 损伤诱导的 45r(growth arrest and DNA-damage-inducible 45 gamma，GADD45G)。ts-46 和 ts-47 在肺癌细胞株中的过度表达也导致克隆形成能力的显著减弱。Ma 等发现，tRF-20-S998LO9D 在肺鳞癌细胞系中显著高表达，并且升高的 tRF-20-S998LO9D 与多种癌症的预后不良相关，被证明是泛癌中潜在的促癌标志物。tRF-31-79MP9P9NH57SD 在 NSCLC 血清中的表达较高，并与临床分期和淋巴结的恶性程度相关，展现了作为 NSCLC 生物标志物的可能性。

2017 年，上海大学马中良实验室发现来源于 tRNA^{Leu} 的 5′端，长度为 34 nt 的半分子 tRF-Leu-CAG 在肺癌样本中有着极为显著的上调，并与肺癌高级别的分期相关，同时通过抑制极光激酶 A(Aurora A，AURKA)的表达促进了 NSCLC 的发展；在后面的研究中发现，tRF-Leu-CAG 能够促进 NSCLC 细胞的增殖，并增强 NSCLC 细胞对紫杉醇的耐药性；同时 tRF-Leu-CAG 能在移植瘤实验中促进小鼠瘤体的生长，并促进瘤体组织的上皮间质转化进程。

二、tRF 与卵巢癌

tRF 在卵巢癌中的研究近几年也得到了广泛的关注。Peng 等探究了卵巢癌患者和正常人血清样本中的循环小 RNA，发现 tRF 在其中占比很高，特别是来源于 tRNA^{Gly} 的四种 tRF，它们在卵巢癌血清样本中的表达差异显著，与卵巢癌的异常增殖密切相关。Chen 等发现了在上皮性卵巢癌中 20 个上调的 tRF 和 15 个下调的 tRF，并阐明了它们可能参与的信号通路。

关于 tRF 在卵巢癌中的具体功能，目前只有三篇文章有所探究。tRF5-Glu 被证明可以通过靶向抑制乳腺癌抗雌激素抗性蛋白 3（breast cancer antiestrogen resistance protein 3，BCAR3）的表达，抑制卵巢癌发展。Zhang 等发现，tRF-03357 在卵巢癌患者及细胞系样本中明显高表达；利用体外 tRF 模拟物以及抑制剂对卵巢癌细胞进行功能实验探究发现，tRF-03357 能够促进卵巢癌细胞的增殖以及迁移，并抑制卵巢癌细胞的凋亡。来源于 tRNA-His-GUG 的 tRF-T11 是目前在卵巢癌中研究较为细致的 tRF，其被发现存在于植物红豆杉中，体外细胞实验以及小鼠异种移植瘤实验都证明了 tRF-T11 对卵巢癌发展的抑癌效果。

有趣的是，研究表明 tRF-Leu-CAG 在卵巢癌中扮演了抑癌基因角色，并通过脂噬作用抑制了卵巢癌细胞内的脂滴积累，对小鼠模型中卵巢癌瘤体的生长具有明显的抑制作用。由此可见，tRF 的调控机制是多样化的，并且在不同肿瘤中参与的细胞活动或者信号转导也具有一定的异质性，需要我们进一步探索。

第三节　总结与展望

tRF 在细胞中拥有很高的丰度，并且在基因表达的整个过程中扮演重要角色。tRF 作为非编码 RNA 中的一员，其丰度仅次于 miRNA，因此近年来也逐渐成为非编码 RNA 研究领域中的热点。最初，tRF 被认为是 RNA 分子加工、折叠过程中随机降解产生的"副产物"，然而，越来越多的证据表明，与原始 tRNA 分子相比，这些片段化产生的不同长度的转录本可以执行不同的功能。截至成稿，已经有不少研究表明 tRF 可以作为癌症潜在的生物标志物和治疗靶点。然而，由于肿瘤具有异质性，同一 tRF 在不同的肿瘤中可能扮演不同的角色，因此探究 tRF 在癌症中的功能具有深远的意义。

尽管目前 tRF 在肿瘤中已有不少研究，但仍有一些问题需要我们进一步探讨。例如，tRNA 本身具有丰富的碱基修饰，这些修饰是否影响了 tRNA 的剪切？来源于同一tRNA的tRF是否拥有相同的生物学功能？这些问题都增加了tRF功能和生物学意义研究的困难，因此在后续的科研工作中，我们更应关注tRF的生成方式、功能调控及作用机制，为包括恶性肿瘤的临床诊断和治疗提供更加行之有效的靶标。

第八章
非编码 RNA 在糖尿病中的作用

糖尿病是一类由慢性高血糖引起的代谢紊乱性疾病。据国际糖尿病联合会（International Diabetes Federation，IDF）统计，到 2045 年全球的糖尿病患者将达到 6.93 亿。糖尿病在传统意义上可分为两类：1 型糖尿病（type 1 diabetes，T1D）和 2 型糖尿病（type 2 diabetes，T2D），前者主要是由于自身免疫系统对胰岛 β 细胞的攻击所导致的胰岛素分泌缺陷而引起的；然而，就 T2D 患者而言，胰岛素分泌并没有明显缺陷，反而在早期会出现胰岛素分泌增多的现象，其发病机制目前认为主要由胰岛素敏感性下降和胰岛素抵抗引起。T2D 的患病率以及并发症要远高于 T1D，因此我们也将重点阐述炎症反应对于 T2D 及其并发症的影响。

第一节 T2D 与炎症

目前，炎症反应参与糖尿病的发病进程已达成了共识，脂肪组织通过参与低级别慢性炎症的诱导过程，引发免疫系统的一系列抗炎和促炎反应，最终损害到了胰腺 β 细胞。与 T2D 相关的许多慢性并发症包括糖尿病足溃疡、视网膜病变、肾病等，这些器官之间的功能性失调往往成为 T2D 治疗难度加大的主要原因。慢性炎症反应是产生胰岛素抵抗以及这些并发症多发的原因之一，同时在糖尿病的高糖状态下，慢性炎症反应将进一步被加强，这就构成了一个因果循环，因此探究合适的方法抑制慢性炎症反应在 T2D 患者的治疗中尤为重要。

肥胖是 T2D 的主要致病原因之一,事实上,在不同人群中,无论胰岛素抵抗和肥胖的初始程度如何,许多炎症因子的异常高表达都与 T2D 的发生相关。炎症反应过程中,糖酵解产生的 ATP 一般不能满足炎症所需的不断增加的能量需求,这就限制了炎症反应进行的范围,然而在糖尿病患者体内,由于葡萄糖的利用率上升,糖酵解经过反馈途径持续激活,T 细胞得到充分能量供给,导致感染时细胞因子水平异常升高,这被认为是糖尿病引起的慢性炎症。这提示着炎症反应在 T2D 的发生发展中扮演者重要角色。

糖尿病患者器官之间功能失调是糖尿病并发症多发的原因之一,也是糖尿病高发病率和致死率的原因之一。研究表明,T2D 并发症之一,糖尿病足溃疡(diabetic foot ulcer,DFU)的致病机理便是由于巨噬细胞由促炎状态向抑炎状态的转变失调,因此巨噬细胞始终活跃在促炎状态,从而导致炎症反应期异常延长。糖尿病肾病(diabetes nephropathy,DN)也是常见的并发症之一,ALOX5AP(aracridonate 5 - lipoxygenase activating protein,花生四烯酸 5 - 脂氧合酶激活蛋白)被发现通过增强白三烯这一促炎脂质介质的表达极大地增加了 DN 的患病风险。此外,心脏炎症和氧化应激在糖尿病心肌病(diabetic cardiomyopathy,DCM)的发病机制中起关键作用,通过增强抗氧化应激关键分子核因子 E2 相关因子(nuclear factor E2 - related factor 2,Nrf2)的表达,抑制促炎转录因子 NF-κB 的表达能够显著地减轻糖尿病引起的心脏损伤。由此看来,不论是糖尿病还是其并发症,他们的致病机理都与体内的炎性反应状态息息相关。

转录因子 NF-κB 在细胞的炎症反应、细胞分化和存活中都起着非常重要的作用。目前认为,NF-κB 由 5 个亚基构成,包括 p50、RelA(p65)、RelB、p52 以及 Rel(c-Rel),这些亚基均包含一个共同的结构域,即 Rel 同源结构域(Rel homology domain,RHD)。RHD 具有 300 个氨基酸,能够通过序列特异性介导 DNA 结合、抑制性蛋白(IκB)结合以及自身二聚化。这些受 NF-κB 调控的基因在他们的增强子或启动子区域有一个共同的序列 5′-GGGRNWYYCC-3′,被称为 κB 位点。NF-κB 在炎症反应中的作用机制复杂,研究表明 NF-κB 在炎症反应中的角色不仅是促炎作用,炎症过程中也不仅是促炎因子得以表达,更多的是促炎因子和抑炎因子之间的平衡表达。

非编码 RNA 生物学

Toll 样受体(Toll like receptor,TLR)是免疫激活过程中的关键膜受体,在炎性刺激因子脂多糖(lipopolysaccharide,LPS)与 TLR 受体结合后,激活受体 TLR,通过一系列细胞内的级联放大反应,作用于 IκB 的磷酸化降解,进而 NF-κB 得以进入细胞核中与 κB 序列结合,增强细胞内趋化因子、细胞因子和一系列免疫基因的表达,充分发挥 LPS/TLR/NF-κB 信号流在炎症反应中的相关作用。T2D 患者中,由于饱和脂肪酸浓度过高,占据胰岛 β 细胞膜表面,这将导致"脂筏"组分中的鞘磷脂和胆固醇水平降低,内质网与高尔基体之间正常的蛋白质交流受到阻碍,导致错误蛋白滞留在内质网内,引发内质网的未折叠蛋白反应(unfolded protein response,UPR)效应,UPR 效应通过激活 NF-κB 途径,将会引起巨噬细胞和分化的脂肪细胞等多种细胞分泌 IL-1β。这种 UPR 效应和炎性反应之间的正反馈将导致许多慢性炎症的产生,糖尿病便是其中之一。目前,针对糖尿病中的慢性炎症反应有许多特异性的治疗方法,由于非编码 RNA 在疾病中的重要角色被相继开发,其在糖尿病治疗中的应用前景也逐渐得到大家重视。

第二节　非编码 RNA 与 T2D 相关炎症反应

人类的基因组测序表明,只有大约 2% 的哺乳动物基因组具有编码功能,能够翻译为蛋白质,为此科学界的许多人认为,剩下的 98% 只是非功能性的"垃圾"。然而 DNA 元件百科全书计划(the Encyclopedia of DNA Elements,ENCODE)项目表明,基因组的非蛋白编码部分被转录到数千个 RNA 分子中,不仅调节细胞生长、细胞发育和器官功能等基本生物学过程,而且似乎在人类疾病的整个范围内发挥着重要作用。这些非编码基因经过不同的 RNA 聚合酶转录成大小不一的非编码 RNA,包括短的非编码 RNA(21~34 nt)以及长的非编码 RNA(>200 nt)。在这些非编码 RNA 中,miRNA、lncRNA 和 tRF 在细胞内有很高的丰富度,并且广泛参与到糖尿病所诱发的慢性炎症反应过程中。这些非编码 RNA 已成为影响胰岛 β 细胞功能的表观遗传调节因子,在 2 型糖尿病及其并发症的发病机制中扮演重要角色,因此探讨这些非编码 RNA 与 2 型糖尿病诱发的炎症反应之间的相互作用关系,或许能为 2 型糖尿病及其并发症的治疗带来新的思路。

一、miRNA 与 T2D 相关炎症反应

由于 miRNAs 目前的研究手段比较成熟，因此 miRNAs 在糖尿病诱发的慢性炎症反应中的作用机制将会得到详细的阐明。

胰岛 β 细胞在 T2D 发生发展中起关键作用，miRNA 参与胰岛 β 细胞发育的第一个证据是由 Kalis 等对 β 细胞 Dicer1 条件性敲除的小鼠研究而来，他们发现，Dicer1 特异性缺失的小鼠将在成年期发展为完全性糖尿病小鼠，β 细胞的质量，以及 β 细胞分泌颗粒也有明显下降。这为研究 miRNA 在糖尿病发生发展中的作用提供了新的思路。最新的一项研究表明，肝脏中 miR-125a 表达失调将会诱导肥胖相关的胰岛素抵抗的产生，以及小鼠体内脂质代谢的紊乱。文章中指出，无论在遗传性肥胖小鼠模型中还是在饮食性肥胖小鼠模型中，miR-125a 的表达量都有一个明显的下降，并且过表达 miR-125a 后，将会显著提高高脂饮食小鼠体内的胰岛素敏感性，并减轻肝脂肪变性和脂肪积累。由于炎症反应在 T2D 的形成以及并发症中的重要角色，miRNA 在 T2D 诱发的炎症反应方面的研究也吸引了广大研究者的关注。脂肪组织巨噬细胞（adipose tissue macrophage，ATM）M1/M2 状态的转换在慢性炎症反应引发的疾病中至关重要，特别是在 T2D 的发病机制中。M1 巨噬细胞浸润脂肪组织，并分泌大量的炎性因子，这将干扰胰岛素的信号转导，诱发胰岛素抵抗，成为 T2D 发病的关键原因。Zhang 等发现 miR-17 能够通过靶向抑制炎症通路中的关键分子凋亡信号调节激酶 1（apoptosis signal regulating kinase 1，ASK1），抑制巨噬细胞介导的脂肪组织浸润，并降低 TNF-α、IL-6、IL-1β 等炎性因子的分泌，在改善由炎症反应引起的胰岛素抵抗方面具有显著作用。不仅如此，Pan 等发现，脂肪细胞外泌体中 miR-34a 通过旁分泌途径作用于脂肪巨噬细胞，并靶向抑制 Krüppel-like factor 4（Klf4），抑制巨噬细胞由促炎状态（M1）向抑炎状态（M2）转变，从而引起炎症反应，诱发了胰岛素抵抗以及系统性炎症的发生，增加了 T2D 的患病风险。

由于 T2D 患者体内失调的炎性反应引起的多种并发症也成了 T2D 患者病死率高的重要原因，miRNA 同样在这些 T2D 诱发的并发症中扮演重要角色。DFU 患者创伤面长期无法愈合的原因目前认为主要是炎症反应期的异

常延长所导致。最近的一项研究表明,miR-497不仅能调节炎性反应,在糖尿病创伤面的愈合中也具有显著效果。他们发现,miR-497在糖尿病小鼠的皮肤创伤面中表达量显著降低,在糖尿病小鼠伤口处皮内注射miR-497能够有效的加速创面愈合,同时,体内外实验表明miR-497治疗降低了细胞内促炎细胞因子IL-1β、IL-6和TNF-α的表达,为DFU患者的治疗提供了潜在靶点。钠-葡萄糖协同转运蛋白(sodium-dependent glucose transporter,SGLT)是一类介导葡萄糖重吸收的转运载体,与血糖浓度成正相关,并且在糖尿病患者体内的表达量远高于正常人。研究表明miR-296-5p的表达量在糖尿病小鼠组织里明显降低,异源过表达miR-296-5p可以显著增强糖尿病小鼠创面愈合能力,并且展现了对MIN6细胞系特定的生物学影响,同时双荧光素酶报告分析显示SGLT2是miR-296-5p的一个直接靶基因,下调SGLT2的表达展现了与miR-296-5p同样的生物学效应。

越来越多的证据表明miRNA在DN中具有重要作用,特别是在DN相关的炎症反应中。miR-544被发现在患有DN小鼠中的表达量明显下降,并且过表达miR-544能够缓解肾损伤以及肾纤维化,同时文章中指出,这种改善作用是通过抑制NF-κB的激活从而降低IL-1、IL-6、TNF-α以及诱导型一氧化氮合酶(inducible nitric oxide synthase,iNOS)的表达而引起的。不仅如此,miR-30c-5p、miR-140-5p、miR-485、miR-31等都能够通过抑制NF-κB引起的炎症反应而减缓肾损伤和肾纤维化。糖尿病视网膜病变(diabetic retinopathy,DR)是成人糖尿病患者致盲的主要原因,氧化应激和炎症的增加则被认为是DR发病的关键因素。黄芩苷是一类黄酮类化合物,在治疗DR方面具有显著效果。目前已经阐明黄芩苷通过增加视网膜上皮细胞内miR-145的表达量来抑制IL-1β、IL-6、IL-8、活性氧(reactive oxygen species,ROS)等炎性因子产生的机制,并且该研究表明这种抑制作用是通过对NF-κB和p38MAPK通路的共同调节实现的。无独有偶,槲皮素最近也被证明通过上调miR-29b减轻了高糖诱导的人视网膜上皮细胞的损伤,同样该调节作用也是通过NF-κB通路而实现的。

以上研究表明,miRNA在糖尿病及其并发症中具有重要作用,其作用机制主要是通过对NF-κB介导的炎症反应通路的调节而实现的。不仅如此,lncRNA、tRF同样也为糖尿病及其并发症的治疗提供了潜在的治疗靶点。

二、lncRNA 与 T2D 相关炎症反应

lncRNA 被定义为大于 200 nt 的长链非编码 RNA，由 RNA Pol II 转录而来，并且能够在表观遗传学水平、转录水平、转录后水平来调控基因的表达。Das 等发现，lncRNA Dnm3os（dynamin 3 opposite strand，发动蛋白 3 反义链）的表达量在 T2D 小鼠巨噬细胞中明显上调，通过启动子报告基因分析以及染色质免疫共沉淀分析表明，Dnm3os 的转录上调是由 NF-κB 转录激活而来，文章分析了 Dnm3os 对于促炎基因在染色质水平上的表观遗传学调控，指出 Dnm3os 可以通过增强促炎基因组蛋白乙酰化水平如 H3K9ac、H3K27ac 来激活 TNF、NOS 等促炎基因表达，同时发现核蛋白 ILF-2 与 Dnm3os 的结合能够对这种激活机制起抑制作用。此外，lncRNAGomafu、lncRNA MALAT1 等都被发现通过调节炎性因子的表达来调节小鼠体内的胰岛素敏感情况。

间充质干细胞（mesenchymal stem cell，MCS）来源的外泌体分泌的 lncRNA H19 对 DFU 的调控展现了与上述不同的作用机制，MCS 来源的外泌体 lncRNAH19 能够作为成纤维细胞内 miR-152-3p 的海绵，来抑制 miR-152-3p 的功能，并抑制成纤维细胞的炎症反应和凋亡，促进了 T2D 小鼠的创面愈合能力。

lncRNA-Gm4419 在 DN 中的调控作用又展现了 lncRNA 的另外一个作用机制。Gm4419 的启动子区域被认为可以直接与系膜细胞内 NF-κB 的一个亚基 p50 结合，并用 CHIP 试验验证了这种直接作用，同时，作者指出，p50 不仅有 Gm4419 的结合位点，同样有含 NLR 家族 Pyrin 结构域蛋白 3（NLR family pyrin domain containing protein 3，NLRP3）炎性小体的结合位点，进而 lncRNA-Gm4419 通过结合 NF-κB/NLRP3 炎性小体促进了 db/db DN 小鼠体内的炎性反应，加剧了 db/dbDN 小鼠的肾纤维化和肾损伤。

由此可见，lncRNA 在 T2D 相关炎症反应中的调控与他们本身的作用机制息息相关。

三、tRF 与 T2D 相关炎症反应

tRF 的作用机制尽管目前还尚未完全阐明，但其作为一类小分子非编码 RNA 在疾病的发生发展中的角色已经得到了广泛关注。目前 tRF 被发现与

NF-κB 的表达密切相关，Liu 等发现，在重金属诱导的细胞响应中，来自成熟 tRNA-AlaCGC5′端的 tRF5-AlaCGC 表达量明显上升，并且发现，p65 是 tRF5-AlaCGC 的一个调控靶点，下调 tRF5-AlaCGC 表达将抑制 p65 的核转位功能，从而限制 NF-κB 活性，使细胞内促炎因子如 IL-8 等的表达量下降。这表明 tRF 在炎症反应中具有重要的调控意义，尽管在 T2D 相关炎症反应中并没有进一步探讨，但相信这将成为治疗 T2D 相关炎症反应的一个新的治疗靶点。

第三节　总结与展望

非编码 RNA 不仅在糖尿病的发病机制中发挥重要作用，在糖尿病相关并发症的发生发展中同样扮演重要角色。异常的炎症反应作为 T2D 及其并发症的发病原因之一，针对炎症反应的治疗同样是值得大家期待的 T2D 治疗手段。特定药物如二甲双胍类药物、西他列汀、黄芩苷、槲皮素等，都被证明通过调整细胞内 miRNA 的表达量来调节细胞内的炎症反应、氧化应激，进而改善 T2D 的治疗效果，在临床上具有丰富应用。tRF 作为一类新型非编码 RNA 分子，尽管在 T2D 及其并发症方面的研究存在一些欠缺，但其在癌症的发生发展中的作用已经被广泛认同。不仅如此，经过免疫沉淀、Northern Blot 等技术手段检测表明，5′-tRF 和 3′-CCA tRF 可以与人的 Argonautes 蛋白相结合，并且通过典型的"种子序列"模式与靶 mRNA 相互作用，这表明 tRF 与 miRNA 存在同样的靶向沉默机制。因此，tRF 是否可以通过靶向沉默 NF-κB 信号通路中的关键分子来起到抑炎/促炎作用，在 T2D 相关的炎症反应治疗中具有巨大的研究价值，这将会给 T2D 的治疗提供新的潜在靶点。同时糖原合成酶激酶-3β(glycogen synthase kinase, GSK-3β) 与 NF-κB 被证明可以通过 Wnt/β-catenin 等多条信号通路相联系，并且关于 miRNA 对 GSK-3β 的相互作用应用于 T2D 的治疗在多篇文章中被提及，但 tRF 与 GSK-3β 是否存在相互作用关系、是怎样的作用机制、能否为 T2D 及其并发症的治疗带来新思路，是值得着重研究的问题。

第九章 miRNA 与 mTOR 信号通路

哺乳动物雷帕霉素靶蛋白(mammalian target of rapamycin, mTOR)信号通路在肿瘤细胞的增殖、周期以及凋亡等进程中发挥了重要的调控作用。作为雷帕霉素的靶蛋白,TOR 基因于 1991 年在酵母中首先被克隆,与酵母 TOR 结构和功能相对应的哺乳动物 TOR 称为 mTOR。近年来 mTOR 与 miRNA 之间的关系引起了越来越多研究者的关注,本章就 miRNA 在肿瘤中对 mTOR 信号通路的影响展开详细的讨论。

近年来恶性肿瘤已经成为我国死亡率最高、对健康危害最大的一类疾病,肿瘤的发生、发展就涉及很多信号通路的异常。

第一节 mTOR 通路的组成和作用

一、mTOR 通路及其组成

mTOR 是一种非典型丝氨酸/苏氨酸蛋白激酶,为磷脂酰肌醇激酶相关激酶(phosphatidylinositol kinase-related kinase, PIKK)蛋白质家族成员。mTOR 在进化上相对保守,可整合营养、能量及生长因子等多种细胞外信号,参与基因转录、蛋白质翻译、核糖体合成等生物过程,在细胞生长、凋亡、自噬及代谢等过程中发挥了极为重要的作用(图 9.1)。

从图 9.1 中可以看出,mTOR 复合物有两类,细胞内存在 mTOR 复合物 1(mTOR complex 1, mTORC1)和 mTOR 复合物

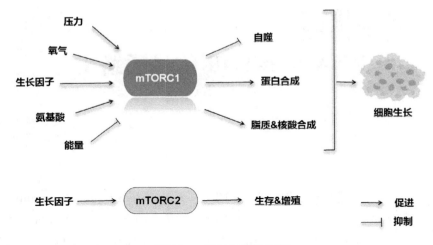

图 9.1 mTOR 通路的调控

2（mTORC2）两种复合体。它们接受不同的调控，也有不同的作用。mTORC1 主要调节着细胞生长和代谢，对雷帕霉素敏感；mTORC2 主要调节细胞存活，增殖和细胞骨架重塑，对雷帕霉素不敏感。

1. mTORC1

mTORC1 由 5 个组分组成，除 mTOR 外，其他分别是：① mTOR 调控相关蛋白质（regulatory-associated protein of mTOR，Raptor），主要功能是促进 mTORC1 的底物募集；② 哺乳动物致死蛋白 sec-13 蛋白 8（mammalian lethal with sec13 protein 8，mLST8），与 TOR 蛋白中的酶活性区域紧紧相连存在于复合体中，担任其专属辅助蛋白，有稳定酶活性等功能；③ 富含脯氨酸的 40 kDa Akt 作用底物（proline-rich Akt substrate of 40 kDa，PRAS40），PRAS40 能够感知并结合底物或调解 mTOR 的物质中的信号，随后抑制 mTORC1；④ 含 mTOR 作用蛋白的 DEP 结构域（the DEP domain containing mTOR interacting protein，Deptor），PRAS40 和 Deptor 是 mTORC1 的两种抑制性亚基。当 mTORC1 的活性降低时，PRAS40 和 Deptor 被招募，进一步的抑制 mTORC1 表达。而当 mTORC1 激活后，直接磷酸化 PRAS40 和 Deptor，降低它们的抑制作用并进一步激活 mTORC1 信号传导。

2. mTORC2

mTORC2 由 6 个组分组成。除 mTOR 外，其他分别是：① 雷帕霉素不敏感组分（rapamycin-insensitive companion of mTOR, Rictor），是对雷帕霉素不敏感的 mTOR 伴侣；② mLST8，与 mTORC2 催化结构域相关联，影响 mTORC2 活性；③ Deptor，mTORC2 的抑制性亚基，目前是 mTORC2 的唯一特征性内源性抑制剂；④ 哺乳动物应激激活的蛋白激酶反应蛋白1(mammalian stress-activated map kinase-interacting protein 1, mSin1)，属于哺乳动物应激激活的蛋白激酶相互作用蛋白；⑤ 与 Rictor 同时观察到的蛋白质(protein observed with rictor 1 and 2, Protor1/2)，是 mTOR 的调节亚基。

二、mTOR 通路的作用

1. mTORC1 的调控

mTORC1 促进细胞生长的过程主要由生长因子、能量状态、含氧量和氨基酸等多种信号调节。参与调节 mTORC1 活性的最重要蛋白质是结节性硬化症复合物(tuberous sclerosis complex, TSC)。而 RAS 蛋白脑组织同源类似物(Ras homologue enriched in brain, Rheb)作为小 Ras 相关 GTP 酶，在活性状态下会激活 mTORC1。TSC 又通过使 Rheb 失活来抑制 mTORC1。

（1）正调节 mTORC1

胰岛素及其表面受体的结合，促进酪氨酸激酶活性，募集胰岛素受体底物1(insulin receptor substrate 1, IRS1)，激活 PI3K，在细胞质膜上募集和活化 AKT。活化的 AKT 会抑制 TSC 从而激活 mTORC1。

细胞内的氨基酸如亮氨酸，通过包含 GATOR1(GAP activity towards Rags 1) 和 GATOR2(GAP activity towards Rags 2) 复合体的途径向 mTORC1 发出信号，调节 mTORC1。Sestrin2 是亮氨酸的氨基酸传感器，在低亮氨酸水平的条件下，Sestrin2 与 GATOR2 的 GAP(GTPase-activating protein)活性相互作用并抑制其活性，导致 mTORC1 的抑制。亮氨酸与 Sestrin2 结合并诱导其与 GATOR2 解离，导致 mTORC1 活化。因此，Sestrin2 是 mTORC1 通路中的亮氨酸传感器。

（2）负调节 mTORC1

低能量状态、缺氧及 DNA 损伤会激活能量响应调节因子 AMP (Adenosine 5′- monophosphate)依赖的蛋白激酶(AMP - activated protein kinase, AMPK)，AMPK 可以磷酸化并激活 TSC 从而间接抑制 mTORC1。

同时 AMPK 也可以直接磷酸化 mTORC1 的 Raptor 来直接抑制 mTORC1。

mTORC1 促进蛋白质翻译合成，促进脂质、核苷酸合成及葡萄糖代谢。mTORC1 促进蛋白质合成很大程度上是通过磷酸化两个关键效应子，即 p70 核糖体 S6 激酶（ribosomal protein S6 kinase，70kD，S6K）和真核起始因子 4E 结合蛋白（eukaryotic initiation factor 4E binding protein，4EBP）。其中，S6K 的激活会磷酸化并降解胰岛素受体底物 IRS1，从而形成了一个负反馈调节。

2. mTORC2 的调控

与 mTORC1 不同，mTORC2 主要充当胰岛素/PI3K 信号传导的效应子。像大多数 PI3K 调控的蛋白质一样，mTORC2 亚基 mSin1 包含一个磷酸肌醇结合的 pleckstrin 同源结构域（pleckstrin homology domain），该结构域对于胰岛素依赖性调节 mTORC2 活性很重要。

3. mTOR 信号通路与肿瘤

据统计在近 100 种人类癌症中，mTORC1 在 70％的癌症患者中表达上调。mTOR 被发现在治疗癌症方面具有应用价值。到目前为止，已经开发出了第三代 mTOR 抑制剂，并在临床前研究中显示出有前途的肿瘤抑制作用。

在肿瘤发生时，具有促肿瘤形成的蛋白 PI3K 和 Akt 过度表达，使 mTOR 信号转导通路不断被激活。另外，PTEN、TSC1/2、肝激酶 B1（liver kinase B1，LKB1）这 3 种蛋白是 mTOR 的上游负性调节因子，这些蛋白功能的失调可能是肿瘤发生时 mTOR 信号通路被激活的原因之一。mTORC1 的下游因子也参与肿瘤的发生，eIF4E 和 S6K1 基因和蛋白的过度表达在许多癌症中存在，并且 4EBP 磷酸化启动翻译程序是最关键的，各种 Akt 和 Erk 驱动的癌细胞系依赖于 4EBP 磷酸化。mTORC2 与癌症的关联归因于其在激活 Akt 中的作用，Akt 促进肿瘤细胞增殖过程、代谢过程，如葡萄糖摄取和糖酵解，同时还抑制细胞凋亡。

第二节　mTOR 信号通路与 miRNA

一、miRNA 与 mTOR

miRNA 直接靶向于 mTOR 信号通路中的靶基因，对 mTOR 信号通路产生影响。mTOR 信号通路通过 miRNA 间接的对肿瘤细胞的增殖、迁移、周期、凋亡等产生重大影响。目前已经验证的 miRNA 与 mTOR 信号通路的关系，分为抑制 mTOR 信号通路(表 9.1)和促进 mTOR 信号通路(表 9.2)两大类。

表 9.1 下调 mTOR 信号通路的 miRNA

miRNA	靶基因	恶性肿瘤	作用
miR-7	AKT	肝癌	抑制增殖、侵袭
miR-22	mTORC1	肾透明细胞癌	抑制迁移、侵袭
miR-99	mTORC1	黑色素瘤	抑制肿瘤形成
miR-99a	mTORC1	子宫颈癌、胰腺癌、食管鳞状细胞癌、乳腺癌	抑制增殖、侵袭、促进凋亡
miR-99b	mTORC1	胰腺癌	抑制增殖、凋亡
miR-100	mTORC1	膀胱癌、卵巢癌、肝癌	抑制增殖、周期、肿瘤形成、促进自噬
miR-101	EZH2	肝癌	抑制增殖、侵袭、周期
miR-124	S6K	肝癌	抑制增殖、周期
miR-125a	mTORC1	肝癌	抑制迁移、侵袭
miR-125b	mTORC1	尤文肉瘤	抑制增殖、迁移、侵袭、周期，促进凋亡
miR-144	PTEN	结肠癌	抑制迁移、侵袭
miR-149	mTORC1	肝癌	抑制增殖
miR-193a-3p/5p	mTORC1	非小细胞肺癌	抑制增殖、迁移、上皮间质转化
miR-199a	mTORC1	胶质瘤、子宫内膜癌、肝癌	抑制增殖
miR-204	mTORC1	非小细胞肺癌、卵巢癌	抑制迁移、侵袭
miR-634	mTORC1	子宫颈癌	抑制增殖、迁移、侵袭、促进凋亡
miR-1271	mTORC1	胃癌	抑制增殖,促进凋亡

表 9.2 上调 mTOR 信号通路的 miRNA

miRNA	靶基因	恶性肿瘤	作用
miR-21	TSC	神经内分泌瘤、胃癌、淋巴瘤	促进增殖、周期
miR-96	mTORC1	前列腺癌	促进增殖、迁移、侵袭
miR-122	S6K	肾透明细胞癌	促进增殖、迁移、侵袭
miR-155	AKT	子宫颈癌、鼻咽癌	促进自噬
miR-205	PTEN	非小细胞肺癌	促进增殖、血管生成
miR-451	mTORC1	结肠癌	促进增殖、迁移
miR-520c/373	mTORC1	纤维肉瘤	促进增殖、侵袭
miR-532-5p	mTORC1	胃癌	促进增殖、迁移、侵袭

二、mTOR 调控肿瘤的机制

1. 影响肿瘤细胞的增殖

肿瘤中 miRNA 能够靶向于 mTOR 信号通路进而对肿瘤的增殖产生影响。研究表明在肝癌、子宫内膜癌及胶质瘤中，miR-199a 能够靶向于 mTOR 非编码区，下调 mTOR 的表达，负调控 mTOR 信号通路，从而抑制肿瘤的增殖。Cai 等的研究表明，在 NSCLC 中 miR-205 能够靶向于 mTOR 信号通路中 PTEN 的非编码区，下调 PTEN 的表达，正调控 mTOR 信号通路，最后表现为促进肿瘤增殖。

2. 影响肿瘤细胞的凋亡

Uesugi 等人的研究表明在口腔鳞状细胞癌中，miR-218 通过下调 mTORC2 的表达，抑制 AKT 的磷酸化，从而负调控 mTOR 信号通路，促进癌细胞的凋亡。Lin 等的研究表明 miR-101 通过下调果蝇 E(z)基因的同源基因(enhancer of zeste 2 polycomb repressive complex 2 subunit, EZH2)，促进 PTEN 的表达水平，从而负调控 mTOR 信号通路，抑制肿瘤的发生发展过程。

3. 影响肿瘤细胞的转移

在肿瘤中 miRNA 能够靶向于 mTOR 信号通路进而对肿瘤的转移产生影响。White 等人的研究表明在肾癌中，miR-22 能够通过下调半乳糖凝集素-1(galectin-1,Gal-1)的表达，间接的负调控 mTOR 信号通路，从而抑制肿瘤细胞的转移。Imam 等人的研究表明，miR-204 直接负调控 mTOR 信号通路，从而抑制肿瘤细胞的迁移。Chen 等人的研究表明，在结肠癌中 miR-451 能够抑制 AMPK 的活化，从而上调 mTORC1 的表达水平，正调控 mTOR 信号通路，促进肿瘤细胞的转移。

4. 影响肿瘤细胞的自噬

在肿瘤中 miRNA 作用于 mTOR 信号通路进而对肿瘤的自噬产生影响。Korkmaz 等的研究表明在乳腺癌中，miR-376b 通过下调 mTOR 信号通路，促进肿瘤细胞的自噬，抑制乳腺癌的发生发展进程。然而，Chen 等的研究表明在恶性胶质瘤中，miR-129 下调 mTOR 信号通路，激活胶质瘤肿瘤细胞的自噬，抑制胶质瘤的发生发展进程。自噬对肿瘤细胞的作用机制目前尚未有定论，其作用机制可能存在一个阈值，在阈值范围内，自噬能够抑制肿瘤的发生发展进程；超过阈值，则促进肿瘤的发生发展进程。

第三节　miRNA/mTOR 通路与恶性肿瘤

一、mTOR 通路与肺癌

miRNA 被证实与肺癌的发生发展有着密切的关系。miRNA 能够作用于 mTOR 信号通路的多个靶基因，从而直接或间接的对 mTOR 信号通路产生影响，进而影响肿瘤的发生发展过程。miR-10a 能够下调 PTEN 的表达水平，从而直接促进 mTOR 信号通路，促进肿瘤的增殖；miR-503 抑制 p85 的表达水平，从而降低 AKT 的表达水平，抑制 mTOR 信号通路，抑制肿瘤的增殖；miR-208a 能够下调 p21，即细胞周期依赖性蛋白激酶抑制剂 1A(cyclin-dependent kinase inhibitor 1A,CDKN1A)的表达水平，从而间接促进 mTOR 信号通路，促进肿瘤的进程；miR-31 能够下调细胞间质上皮转换因子 (cellular-mesenchymal epithelial transition factor,c-Met)。c-Met 为受体酪氨酸激酶家族成员,是一种多功能跨膜酪氨酸激酶,作为肝细胞生长因子(hepatocyte growth factor, HGF)的受体。它主要在上皮细胞中表达。miR-31 从而间接抑制 mTOR 信号通路,抑制肿瘤的进程(图9.2)。

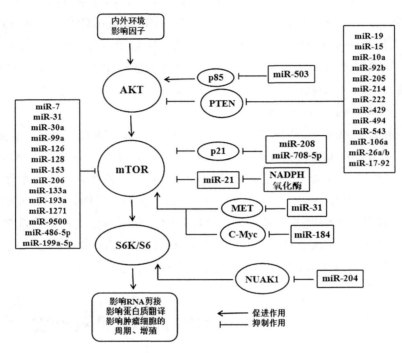

图 9.2　肺癌中 miRNA 与 mTOR 的关系

二、mTOR 通路与乳腺癌

乳腺癌作为女性最常见的恶性肿瘤,引起了越来越多人的关注。Zhang 等的研究显示,miR-100 能够直接靶向于 mTOR,负调控 mTOR 信号通路,阻滞乳腺癌细胞的周期、促进乳腺癌细胞凋亡,从而抑制乳腺癌的发生发展进程。Vilquin 等的研究表明,miR-125b 能够直接抑制 mTOR 信号通路,从而减弱乳腺癌细胞的耐药性,对乳腺癌的治疗起到一个正向的促进作用。miRNA 靶向于 mTOR 信号通路从而抑制乳腺癌进程的研究同样在其他的 miRNA 中得到验证,如 miR-15、miR-16 和 miR-99a 等。

三、mTOR 通路与前列腺癌

前列腺癌作为男性的高发恶性肿瘤，同样受到关注。Kato 等的研究表明，miR-25a 和 miR-25b 靶向镧相关蛋白 1(La-related protein 1，LARP1)，下调 mTOR 信号通路，抑制前列腺癌细胞的迁移，从而抑制前列腺的发生发展进程。Takayama 等的研究表明，miR-29b 靶向 mTOR，下调 mTOR 信号通路，从而抑制前列腺癌的进程。

第四节 总结和展望

mTOR 及 mTOR 信号通路的深入研究有益于阐明细胞信号转导的调控机制以及信号网络协同工作的复杂机制。mTOR 及其在肿瘤发生中的重要作用的鉴定推动了 mTOR 抑制剂的研发。

mTOR 抑制剂已被批准用于肿瘤治疗，至今已发展研制出三代 mTOR 抑制剂药物。第一代 mTOR 抑制剂主要有雷帕霉素及其衍生物，雷帕霉素衍生物的水溶性和稳定性要比雷帕霉素好，但是口服容易降解。第二代 mTOR 抑制剂主要是 ATP 竞争性抑制剂，主要有吡唑并嘧啶类、吡啶并嘧啶类、噻吩并嘧啶类、三嗪类、苯并萘啶酮类等。第三代 mTOR 抑制剂是将雷帕霉素以及 mTOR 激酶抑制剂 mln018 整合到同一个分子上所获得的。另外，天然产物类 mTOR 抑制剂主要包括姜黄素、白藜芦醇以及萝卜硫素。更多的 mTOR 抑制剂（如西罗莫司和依维莫司等）正在接受临床检验，以实现对肿瘤的有效治疗。

miRNA 通过与靶 mRNA 的非编码区的特异性结合，从而导致 mRNA 的降解或抑制蛋白质的翻译过程，作为肿瘤抑制因子或者肿瘤促进因子对肿瘤的发生发展发挥了重要作用。经过这么多年的研究，miRNA 与 mTOR 信号通路的关系被不断揭示。miRNA 靶向于 mTOR 信号通路，从而影响肿瘤发生发展进程的研究在肺癌、乳腺癌、前列腺癌等多种恶性肿瘤中被证实，随着研究的日趋深入，两者的关系及其对恶性肿瘤的影响机制将会越来越透彻。

此外,mTOR 信号通路的过表达与肿瘤大小以及预后不良有非常大的相关性,为肿瘤的诊断和治疗提供新的方案,为肿瘤治疗中的精准医疗提供理论及实验依据,也预示 mTOR 及其信号通路在抗肿瘤治疗中将发挥更大的作用。

第十章
非编码 RNA 与耐药

耐药作为癌症临床治疗中的重大问题之一,影响癌症治疗的预后、复发及五年生存率。大量的研究表明,非编码 RNA 作为机体重要成员之一,在分子水平广泛地参与癌症耐药行为。

第一节 化疗耐药

化疗抵抗主要分为先天性化疗抵抗以及获得性化疗抵抗。严重的化疗抵抗会刺激癌症进程并导致死亡。部分患者存在先天性化疗抵抗,导致化疗无效。而获得性化疗抵抗往往是肿瘤在治疗过程中针对某种特定药物产生抗药性。

随着新一代测序技术的发展,化疗耐药被发现与基因失调有着密切关联。新的研究表明,非编码 RNA 在化疗抵抗中起着重要作用。

非编码 RNA 已经被证明可以参与调控许多生物学过程,如癌症预后、化疗敏感性和放疗敏感性。化疗敏感细胞中的非编码 RNA 失调表明,通过调节非编码 RNA 的表达可以影响化疗耐药。通过参与多条信号通路,如 TGF-β/SMAD 信号通路和 p53 信号通路,非编码 RNA 可作为癌症的潜在诊断和预后标志物。

最近的研究发现了几个诱导化疗抵抗的主要原因。首先,或许也是最重要的是药物的药代动力学特征。许多药物在到达治疗靶点之前就已经在转运过程中发生了外流,从而导致药物吸收率降低以及疗效降低。第二是药物失活。虽然有些药物可以达到治疗位点，但不能被激活并发挥作用，这样就会引起耐药。这一机制与药物引起的DNA损伤修复密切相关。第三是靶向通路的再激活。药物成功到达治疗位点并发挥作用，但不能引起后续反应并杀死癌细胞。这个过程被认为是肿瘤微环境、细胞凋亡抑制、自噬诱导和细胞周期检查点改变之间的相互作用结果。

一、铂类耐药

铂类是目前癌症临床治疗中使用最广泛的化疗药物，主要包括顺铂、卡铂、奥沙利铂等，也是最容易出现耐药情况的化疗药物之一。药物作用机理是进入细胞核后作用于DNA分子，从而形成Pt-DNA化合物并导致DNA结构发生改变，进而引起DNA复制转录障碍，最终诱导细胞凋亡。其耐药的主要机制包括DNA损伤修复、谷胱甘肽S-转移酶的细胞解毒机制、细胞凋亡受到抑制等。研究表明，非编码RNA通过参与DNA损伤修复、细胞自噬、Caspase或者线粒体凋亡信号通路等生物学行为直接介导癌症的铂类耐药。Shao等人发现miR-1251-5p在卵巢癌中通过靶向微管蛋白结合辅助因子C(tubulin binding cofactor C, TBCC)驱动细胞自噬的发生从而促进顺铂耐药。

二、紫杉醇耐药

紫杉醇是目前癌症临床治疗中另一类广泛使用的化疗药物，可以促进微管蛋白装配成微管，抑制微管解聚，从而使纺锤体失去正常功能，致使癌细胞死亡。其耐药的主要机制包括DNA损伤之后的错配修复以及微管蛋白突变所影响的有丝分裂。非编码RNA同样可以通过参与DNA损伤修复或者细胞的有丝分裂行为参与癌症的紫杉醇耐药。因此，目前临床治疗中的一线化疗方案常将铂类与紫杉醇联用，以防两者单独使用所可能产生的耐药行为。*Nature Reviews Drug Discovery* 曾发表综述讨论了非编码RNA治疗的前景和挑战，文中就提到非编码RNA药物的加入一定程度上能够增加紫杉醇化疗的敏感性。Wang等人发现环状RNA circWAC能够通过激活PI3K/AKT信号通路来诱导三阴性乳腺癌产生紫杉醇耐药。

三、5-氟尿嘧啶耐药

5-氟尿嘧啶是实体瘤临床治疗中常用的一线化疗药物,属于抗代谢类化疗药物,其药理学原理是进入机体内被活化成氟尿嘧啶脱氧核苷酸,氟尿嘧啶脱氧核苷酸能够抑制胸苷酸合成酶,从而使细胞的 DNA 合成受到抑制。其耐药机制主要与多种代谢酶活性异常及 DNA 损伤修复机制异常有关。非编码 RNA 通过调控代谢酶相关活性影响 5-氟尿嘧啶的耐药行为。Zhang 等人发现 miR-22 在结肠癌中通过抑制细胞自噬以增加其对 5-氟尿嘧啶的药物敏感性。

四、阿霉素耐药

阿霉素为抗肿瘤抗生素,属于蒽环类药物,具有较强的广谱性。其主要作用机制是通过影响拓扑异构酶Ⅱ的活性来抑制 DNA 和 RNA 的合成。然而,由于很强的细胞毒副作用,阿霉素会引起潜在的致突变或者致癌作用。其耐药机制可能主要与外排转运蛋白过度表达有关,而非编码 RNA 则能通过与转运蛋白互作参与其中。Wang 等人发现 miR-222 通过抑制 p27 表达来回复乳腺癌细胞的阿霉素耐药性。

第二节 靶向药物耐药

得益于分子生物学、细胞生物学和多组学的快速发展,靶向药物的开发和应用使得化疗药物不再"孤掌难鸣"。靶向药物对于个体差异具有更强的针对性,也在一定程度上避免了化疗药物"杀敌一千,自损八百"的尴尬处境。然而,殊途同归的是,靶向药物依然有属于自己的"阿喀琉斯之踵",其耐药行为的发生往往与靶点序列的突变、基因的异常扩增或缺失、信号通路的异常激活有关。

一、EGFR-TKI 耐药

作为最著名的靶向药物之一,EGFR-TKI(tyrosine kinase inhibitor,酪

氨酸激酶抑制剂)的成功很大程度上与国人肺腺癌的亚型致病机制有关。在我国肺腺癌患者中,EGFR突变比例高达50%~60%,这也意味着相当数量的肺腺癌患者能从EGFR-TKI中受益。截至目前,EGFR-TKI已经发展到四代,前三代都面临着耐药的情况,而各自的耐药机制又不尽相同。第一代EGFR-TKIs的主要是EGFR的T790M突变及c-MET的异常扩增,第二代EGFR-TKIs仍然是EGFR的T790M突变,第三代EGFR-TKIs则是EGFR的C797S突变、L858R升高、MET扩增、FGF受体基因突变。而非编码RNA调控EGFR-TKIs的耐药行为主要是通过靶向EGFR信号通路来实现的。Chen等人发现lncRNA CASC9通过募集组蛋白甲基转移酶抑制肿瘤抑制因子双特异性磷酸酶1(dual specificity phosphatase 1, DUSP1),从而增加对吉非替尼的耐药性。

二、PARP抑制剂耐药

多聚ADP核糖聚合酶(poly (ADP-ribose) polymerase, PARP)抑制剂目前已广泛用于多种癌症的临床治疗,尤其对BRCA1/2突变型肿瘤具有卓越疗效。其作用机制是抑制肿瘤细胞的DNA损伤修复并促进肿瘤细胞发生凋亡,亦可增强放疗以及烷化剂和铂类药物化疗的疗效。同时临床研究发现,PARP抑制剂也能使非BRCA1/2突变型肿瘤受益。其耐药机制主要包括三种:药物靶点相关效应,如药物流出泵上调、PARP或相关功能蛋白突变;BRCA1/2功能恢复使得同源重组修复;DNA末端保护缺失和/或复制叉稳定性恢复。目前关于非编码RNA在PARP抑制剂耐药中的调控机制还比较有限,主要还是依赖与某些蛋白的互作,未来仍具有较大的研究探索空间。

三、贝伐珠单抗耐药

贝伐珠单抗(Bevacizumab,商品名Avastin)是一类单抗类靶向药物,通过选择性地与血管内皮生长因子(vascular endothelial growth factor, VEGF)结合并阻断其生物活性,抑制VEGF与位于内皮细胞上的受体FLT-1和激酶插入结构域受体(kinase insert domain receptor, KDR)相结合,从而减少肿瘤内的血管形成来阻碍肿瘤的生长。目前关于贝伐珠单抗的耐药机制尚不明朗,但c-MET及VEGF的异常扩增被认为与其耐药有关。非编码RNA通过靶向 VEGF 能够调控贝伐珠单抗耐药情况。Hansen 等人发现在贝伐珠单抗治疗期间,循环 miR-126 的表达与转移性结直肠癌患者的贝伐珠单抗治疗效果存在关联性。

第三节 总结与展望

近几年,免疫领域的诸多重大发现推动了肿瘤中免疫疗法及药物的开发和应用,尤以 PD-1/PD-L1 为代表。其中,PD-1 抑制剂有多款药物已上市并用于临床治疗,包括 Keytruda(帕博利珠单抗,简称 K 药)、Opdivo(纳武单抗,简称 O 药)、Tecentriq(阿特珠单抗,简称 T 药)。同时,两款进口 PD-L1 抑制剂药物——度伐利尤单抗(Durvalumab)和阿替利珠单抗(Atezolizumab)也在国内获批上市。相比传统的化疗药物,免疫抑制剂拥有更强的广谱性、更低的毒副作用以及更乐观的生存期和生存质量。目前关于 PD-1/PD-L1 抑制剂耐药情况的研究还很有限,而非编码 RNA 在其中的具体作用还不明朗。

除了 PD-1/PD-L1 抑制剂,CAR-T 疗法也是肿瘤免疫治疗的重要成员之一。其全称为"嵌合抗原受体 T 细胞免疫疗法",原理是分离自身 T 细胞,并在体外利用嵌合抗原受体(CAR)进行修饰,该细胞可以特异性识别靶抗原,杀伤靶细胞。该疗法目前对血液肿瘤,如白血病、淋巴瘤、多发性骨髓瘤效果显著,但对肺癌、肝癌、胃癌等实体瘤治疗效果有限。

非编码 RNA 在细胞中具有多种作用,包括影响整个染色体的结构、调节基因表达和介导基因密码子翻译成蛋白质。非编码 RNA 可分为几种类型,并根据其不同的功能进行区分,包括独特的调控机制、生成方式和 RNA 功能结构区。现有的 RNA 测序技术和表观基因组技术有助于识别新的非编码 RNA 并分析其特征。在未来技术的帮助下,越来越多关于非编码 RNA 的特征和功能将逐渐被发现。可以想象的是,基于非编码 RNA 的治疗手段将在未来的临床实践中发挥重要作用。

基于目前的研究,miRNA 是癌症化疗抵抗领域中研究最多的非编码 RNA。诸多 miRNA 被发现在卵巢癌化疗耐药中显著上调或下调,其中包括 let-7i、miR-27a、miR-23a、miR-449b、miR-21 等。这些 miRNA 被证明与卵巢癌化疗耐药患者的预后不良和生存期短有关。值得注意的是,对 miR-21 的研究表明,在癌症化疗抵抗中,我们应该关注调控机制的多样性,从原位和转移等多个 0 方面评估 miRNA 的生物学功能。

此外,lncRNA 在化疗抵抗中也起着关键作用。它们与 DNA 损伤和修复密切相关。然而,目前对 lncRNA 在卵巢癌耐药中的研究还很有限,而 HOTAIR 可能在其中扮演重要角色。在不久的将来,lncRNA 与化疗抵抗的关系将成为卵巢癌研究的热点。

与 miRNA 和 lncRNA 相比,circRNA 和 tRF 是否参与化疗抵抗尚不清楚。鉴于这些非编码 RNA 之间的联系,circRNA 和 tRF 也被认为会参与到卵巢癌的化疗抵抗。

虽然关于非编码 RNA 调控机制的研究已经获得重大突破,但仍有许多未知的方面需要探索。例如,tRF 被确认为一种新的非编码 RNA,它是从 tRNA 中降解得到的,而非之前研究认为的是一种 miRNA。因此,我们仍然有必要关注非编码 RNA,不仅要纠正先前研究中任何可能的错误,而且还要探索其对人类医学发展所能做出的贡献。

第十一章
精准医学下的非编码 RNA 与 EGFR、NF-κB 信号通路

何谓"精准医学"？美国国立癌症研究所给出的定义是：精准医学是将个体疾病的遗传学信息用于指导其诊断或治疗的医学。近 10 多年来，基于驱动基因图谱的肺癌精准医学上取得了巨大的成就。《美国医学会杂志》总结说，晚期肺癌依据有否驱动基因和相应的治疗，预后明显不同：有驱动基因突变同时接受精准靶向治疗的晚期肺癌患者，中位生存时间 3.5 年；有驱动基因突变但没有接受相应靶向治疗的，中位生存时间 2.4 年；没有驱动基因的不足 1 年。所以，要改变我们的医疗模式，由基于外科学器官概念的经验性治疗转变为基于驱动基因图谱的精准治疗。

第一节　非编码 RNA 与 EGFR

一、EGFR 与 EGFR-TKI 耐药

精准医学在癌症治疗中的应用极大地影响了对肿瘤的病理诊断，特别是在肺癌中，精准医疗使人们在分子水平上更好地理解肺癌的发病机制。其中，非编码 RNA 在肿瘤中的精准治疗也起着非常重要的作用。

1. EGFR

研究表明，表皮生长因子受体（epidermal growth factor receptor，

EGFR)是引起肺癌的重要驱动基因之一,占到了约30%,EGFR基因突变与肺癌的发生、发展密切相关,因而可以采用EGFR抑制剂作为治疗基础。

EGFR属于ErbB家族,该家族还包括HER2(ErbB2)、HER3(ErbB3)和HER4(ErbB4)。这类膜受体由胞外配体结合区和胞内激酶区组成,胞外生长因子类配体与之结合导致受体的同二聚化或异二聚化,活化受体的胞内酪氨酸激酶,进而激活下游通路,影响细胞的增殖、分化和转移。在肺癌中最常见的EGFR突变是19外显子缺失(E746-A750)和21外显子点突变L858R。突变的EGFR是肿瘤驱动基因,导致了EGFR结构性活化,使酪氨酸激酶(tyrosine kinase,TK)无需依赖配体而处在激活状态。在肺癌中,多数能发现EGFR信号通路被激活,并且EGFR的表达水平与晚期癌症预后相关。

2. EGFR-TKI耐药

在肺癌肿瘤治疗过程中,影响传统化学药物和新型单克隆抗体药物治疗的一大难题是抗肿瘤药物产生耐药性,也是肺癌发生转移和复发的关键原因。肺癌的化疗耐药性可分为化疗药物使用前产生的原发性耐药和获得性耐药。获得性耐药产生的机制复杂多样,目前有研究认为耐药性的产生是由于相关癌症驱动基因的突变导致对药物的敏感性降低,也有发现是药物的持续使用影响了体内癌细胞的表观遗传。

EGFR突变是肺癌的关键驱动基因,是治疗肿瘤的重要靶标之一。EGFR敏感性突变之外,尚有更多更复杂的耐药机制制约着EGFR酪氨酸激酶抑制剂(EGFR tyrosine kinase inhibitors,EGFR-TKI)的临床疗效,如T790M、MET基因扩增等。目前已经有许多种类的EGFR-TKI和单克隆抗体被批准用于NSCLC的临床试验和治疗,如西妥昔单抗(Cetuximab)、帕尼单抗(Panitumumab)、吉非替尼(Gefitinib)和奥希替尼(Osimertinb)等(图11.1)。

1) 第一代EGFR-TKI耐药性突变

Gefitinib和Erlotinib是目前较为有效的EGFR突变癌症二/三线治疗药物。其中,Gefitinib(ZD1839/Iressa)是一种口服型、能够与ATP竞争性结合EGFR蛋白上关键性ATP结合位点(K745)的苯胺喹唑啉类并且可逆性的EGFR-TKI,对治疗局部晚期和转移性的NSCLC患者中出现紫杉

第十一章 精准医学下的非编码 RNA 与 EGFR、NF-κB 信号通路

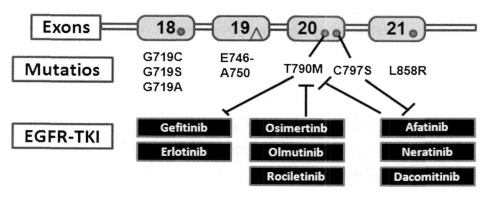

图 11.1 EGFR 突变和 EGFR-TKI 靶向药物

醇化疗失败后有效果。Erlotinib(OSI-774)也是一种口服型的 EGFR-TKI 药物,第一个获得 FDA 批准的,通过使 EGFR 的胞内 ATP 结合位点阻断进而抑制酪氨酸激酶活性,用于治疗至少一种化疗方案失败后的局部晚期或转移性 NSCLC 患者。但是临床治疗中这两种药物都逐渐出现了抗药性。2003 年,体外诱导基因突变导致的 EGFR 蛋白上第 790 位氨基酸的改变被确认对第一代 EGFR-TKI 存在抗药性。2005 年,T790M 突变在第一代 TKI 治疗试验中发现,包含原始药物敏感型 EGFR 突变的 NSCLC 患者中得到确认。在 Gefitinib 和 Erlotinib 治疗中最常见的耐药机制是出现了第 20 号外显子的错义突变 T790M,这类相关的治疗耐药占到了 50%。

2) 第二代 EGFR-TKI 耐药性突变

第一代 EGFR-TKI 的发现和应用改变了人们对 NSCLC 患者传统治疗方式的认识,展现了巨大的生物学效益。在 Gefitinib 和 Erlotinib 治疗耐药性等问题出现后,第二代能克服 T790M 抗药的 EGFR-TKI 相继研发问世。其通过共价连接 EGFR 蛋白上功能性酪氨酸,是一类不可逆、无选择抑制性的药物,增加了对 ATP 结合位点的占有率,主要包括 Afatinib、Dacomitinib 和 Neratinib。其中,Afatinib 是一种苯胺喹唑啉的衍生物,是目前唯一获得批准的二代酪氨酸激酶抑制剂,其作用方式是以非 ATP 竞争的方式与 EGFR 上有催化作用的第 773 位酪氨酸结合,导致不可逆的改变受体蛋白。Dacomitinib

在Ⅱ期临床试验中发现对未治疗的 NSCLC 患者表现出较好的治疗效果,是一类具有不可逆性的二代酪氨酸激酶抑制剂。但是,分别把 Dacomitinib 和 Erlotinib 治疗与无效对照剂在Ⅲ期临床试验中进行比较,结果发现在治疗患者时,Dacomitinib 和 Erlotinib 表现出了相似的 2.6 个月左右的平均无病生存期(median progression-free survival,mPFS);而在 Dacomitinib 和无效对照剂治疗已经进行过数次化疗的患者时,出现了令人失望的结果,Dacomitinib 治疗并未表现出和对照剂有所不同。另外一种第二代 EGFR－TKI,Neratinib 在体外实验中有抑制 T790M 活性的作用,但是在Ⅱ期临床试验中客观缓解率只占约 3%。

3) 第三代 EGFR－TKI 耐药性突变

第二代 EGFR 抑制剂的无选择抑制性和过高的细胞毒性限制了其效果,促使了三代 EGFR－TKI 的研发并应用在临床治疗上,主要成员包括 Olmutinib、Rociletinib、ASP8273、Osimertinb、YH25448、PF－0674775 和 EGF816。第三代抑制剂能够以特有的方式与包含 T790M 的 EGFR 结合,使第二次突变产生的 EGFR 和 ATP 结合增强以及药物结合产生的空间位阻等问题得到解决,并在临床试验上进展顺利。在 Osimertinb 的临床试验 AURA 中,有 22 例患者出现了对此抑制剂的耐药反应。利用新一代基因测序技术(next generation sequencing,NGS)检测从这些患者血液中提取的游离 DNA,分析 EGFR 的外显子序列,发现了一个编码序列上 T→A 或 G→C 突变导致的编码蛋白上的 C797S 突变。在体外,利用包含该突变的 Ba/F3 细胞证明 C797S 对 Osimertinb 确实存在耐药性。近期的研究表明,EGFR C797S 突变位于酪氨酸激酶结构域,除了 Osimertinb,C797S 突变对 HM61713 和 Rociletinib 等产生不可逆 EGFR 抑制剂都有抗药性的疗效。另外,Dana-Farber 癌症研究中心对 EGFR 获得性耐药突变的研究发现,在对 EGFR 突变细胞 Ba/F3 进行持续性的第三代 TKI 治疗后,出现了 C797S 之外的另外两种第三突变——L718Q 和 L844V。L718Q 和 L844V 突变对 WZ4002 和 Rociletinib 存在耐药性,但是对 Osimertinb 都没有表现出耐药。目前关于第三代 EGFR－TKI 治疗抗药机制以及应对方案的研究还不够清晰,有待进一步探究。

二、非编码 RNA 与 EGFR 的靶向治疗

1. miRNA 与 EGFR 靶向治疗

研究发现,越来越多的 miRNA 与肺癌对抗 EGFR - TKI 耐药相关,如 miR - 608 和 miR - 4513 的调控作用被认为是一种合理且潜在有效的 EGFR 靶向治疗的方法。miR - 762 的高表达导致在 NSCLC 中产生 EGFR - TKI 的获得性耐药。另外,马中良实验室也已证实 miR - 34a、miR - 181a - 5p、miR - 32 和 miR - 486 - 5p 等 miRNA 在肺癌的进展中起重要作用。其中,通过体内和体外实验都证明,miR - 34a 通过靶向 EGFR 来抑制 NSCLC 的进展,发挥其在肺癌、乳腺癌和肝癌等癌症中的重要作用,miR - 34a 也被认为是最有可能成为诊断标志物和药物靶点的 miRNA。

在目前的研究中,小 RNA 是最成熟的 miRNA,具有最好的潜力作为癌症的诊断生物标志物和治疗药物。所以,对存在 EGFR 突变的肿瘤中的 miRNA 差异表达水平的检测可以在肿瘤诊断或治疗性药物发挥作用。miRNA 还可以作为抗 EGFR 药物反应的生物标志物,并作为新的治疗靶点来规避肺癌细胞对 EGFR 抑制剂的耐药性。因此,结合 miRNA 研究 EGFR - TKI 耐药中的具体机制缓解耐药具有重要临床意义。

2. lncRNA 与 EGFR 靶向治疗

lncRNA 可以连接转录位点,调控等位基因和长片段的表达,而编码基因和 miRNA 没有这样的功能。这说明 lncRNA 可能是基因表达调控中更好的表观遗传调控因子。研究表明,通过 lncRNA 芯片分析,在吉非替尼耐药的人肺癌细胞中,部分 lncRNA(lncRNA UCA1、H19、BC200 和 BC087858)表达水平增加。lncRNA UCA1 可能通过激活 AKT/mTOR 通路和 EMT 诱导非 T790M 获得 EGFR - TKI 的耐药性。lncRNA BC087858 过表达可以通过一种新的机制发挥作用,通过这种机制,在没有 T790M 突变的 EGFR 突变 NSCLC 患者中可以产生对 EGFR - TKI 的获得性耐药。另一项研究表明,PI3K/AKT 和 MEK/ERK 通路以及 EMT 的激活可能与 EGFR - TKI 耐药有关。在此,我们列出部分 lncRNA 参与 EGFR 信号通路(图 11.2)。

总的来说,进一步探索非编码 RNA 的功能和机制,揭示其在肿瘤发生过程中的作用,以及其作为癌症诊断工具和治疗有着重要意义。

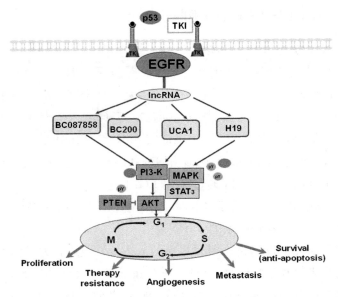

图 11.2 lncRNA 在肿瘤中参与 EGFR 信号通路

第二节 非编码 RNA 与 NF－κB

一、NF－κB 信号通路

核转录因子 nuclear factor κB(NF－κB)是一种由 5 个亚基组成的核因子。它是一种多功能的二聚体转录因子,与许多疾病有着密切的联系,尤其是对细胞增殖、炎症、癌症的发生发展的作用。NF－κB 作为信号通路的一部分,它能影响一些基因的表达,如 EGFR、p53、信号转导和转录激活因子 3(signal transducer and activator of transcription 3,STAT3)和非编码 RNA。其中,非编码 RNA(如 miRNA 和 lncRNA)在肿瘤中 NF－κB 信号通路起着重要的调节作用和潜在的临床意义,包括炎症向癌症转变的过程。NF－κB 信号通路的激活状态可以诱导非编码 RNA 的表达,两者之间可以互相影响。因此,研究非编码 RNA 在肿瘤中靶向 NF－κB 信号通路对于癌症药物研发和临床治疗具有重要的临床意义。

1. NF-κB 的结构组成

NF-κB 转录因子家族成员主要包括 5 个亚单位,分别为 Rel(c-Rel)、RelB、p65(RelA,NF-κB3)、p50(NF-κB1)和 p52(NF-κB2),在 N 端均具有约 300 个氨基酸残基的结构片段,被称为"Rel 同源结构域"(Rel homology domain,RHD)。RHD 内包含 DNA 结合结构域、聚化结构域和结合 NF-κB 抑制蛋白(inhibitor of NF-κB,IκB)结构域,并且含有核定位信号序列(nuclear localization signal,NLS),其中 p65、Rel、RelB 的 C 端具有活化 NF-κB 所需的反式激活域,对表达起正调节作用,而 p50 和 p52 不存在转录激活区域,其同型二聚体可以抑制转录。这几种家族蛋白成员之间可以形成多种同源或异源二聚体,其中主要发挥生理作用的是最早发现的 p50-p65 异源二聚体。它广泛存在于人体所有细胞中,且通常含量最高,故一般将 p50-p65 异源二聚体称为 NF-κB。不同的 NF-κB/Rel 蛋白二聚体具有不同的序列结合位点(κB 位点),因此具有各自的特性(图 11.3)。

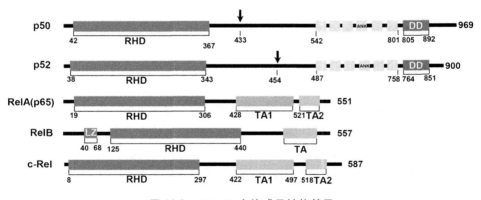

图 11.3 NF-κB 家族成员结构差异

TAs:C-terminal transactivation domains,C 端转录激活域;DD:death domain,死亡结构域

2. NF-κB 信号通路的激活

NF-κB 的激活有三种形式:IκB 分子的释放,p100 和 p105 的抑制性锚蛋白重复结构域的切割,以及通过 CBM(CARMA1、BCL10 和 MALT1)复合物激活 IκB 激酶(IκB kinase,IKK)。一般来说,NF-κB 信号通路激活分为经典 NF-κB 信号通路的活化和非经典 NF-κB 信号通路的活化两种(图 11.4)。

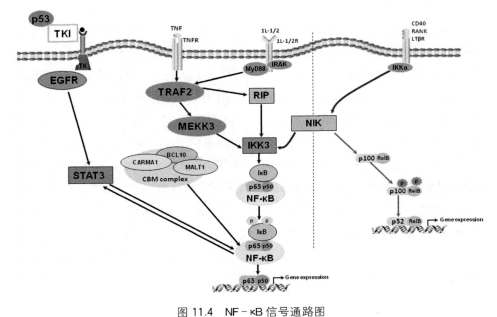

图 11.4 NF-κB 信号通路图

(虚线左)经典 NF-κB 信号通路;(虚线右)非经典 NF-κB 信号通路

1) 经典 NF-κB 信号通路的活化

胞浆中,当 NF-κB 处于无活性的状态时,它会与 IκB 结合形成三聚体。当细胞受到外界刺激,诸如细菌、病毒、寄生虫、炎性细胞因子、成纤维细胞生长因子等,肿瘤凋亡因子受体(tumor necrosis factor receptor,TNFR)、Toll 样受体(Toll-like receptor,TLR)和白介素-1 受体(interleukin-1 receptor,IL-1R)会被激活,而 MyD88 和 IRAK 等作为重要的接头蛋白则会结合上去,并将激活信号传递给下游蛋白。激活信号经过下游 TRAF2、TAK1、NIK、RIP 等蛋白的一系列传递,最终激活 IκB 激酶(IKK),IκB 被泛素化和磷酸化,进而导致 NF-κB 二聚体被释放,解离下来的 IκB 分子则在蛋白酶体的作用下被降解。游离的 NF-κB 二聚体进入细胞核内与靶基因的 κB 区域结合,最终影响基因表达。

2) 非经典 NF-κB 信号通路的活化

非经典的 NF-κB 信号通路则是针对 IκB 家族的,其中主要的就是 p100 和 p105。

■■■■■第十一章 精准医学下的非编码 RNA 与 EGFR、NF-κB 信号通路

当受到外界刺激时,B 淋巴细胞刺激因子受体(B cell-activating factor receptor,BAFFR)、淋巴毒素 β 受体(Lymphotoxin β receptor,LTβR)、CD40 和核因子 κB 受体活化因子(Receptor activator of nuclear factor κB,RANK)等会被激活,进而刺激下游的 NF-κB 诱导激酶(NF-κB inducing kinase,NIK)对 p100 磷酸化,最终导致 p100 泛素化并降解成 p52。游离的 p52-RelB 二聚体则会进入细胞核内,并且与靶基因的 κB 区域结合。

二、NF-κB 信号通路与非编码 RNA 在肿瘤中的作用

1. NF-κB 信号通路与 miRNA 在肿瘤中的作用

miRNA 具有高度保守性、时序表达特异性和组织表达特异性,它在生物体内参与了诸多复杂的生理过程,并且与多种疾病密切相关,其中包括炎症、癌症等。miRNA 可以通过定位到某些上游的信号分子或者 NF-κB 家族成员本身来调控 NF-κB 信号通路的活动,同时 NF-κB 信号通路可以通过蛋白质的生成来调控 miRNA 的水平。

1) miRNA 对 p50/p65 的调控

研究发现 miR-9 的生成受到前炎性因子 TNF-α 和 IL-1β 的调控,而 p50 的前体蛋白 p105 正是 miR-9 的靶蛋白。实验显示,在抗炎症反应中,生成的 miR-9 会起到一个微调机制,从而去阻碍 p50 同型二聚体在某些单核细胞中进行负调控。此外,miR-9 可以通过 NF-κB 信号通路的调控来抑制卵巢癌和胃癌细胞的生长。研究还发现 miR-143 可以作为 NF-κB 的转录靶基因,它可以促进肝癌细胞的侵袭和转移。过表达 miR-143 会降低细胞的生存能力,并且会对 NF-κB 信号通路中 p65 的表达量产生影响。

此外,还有其他大量的 miRNA 被发现对 p50/p65 有直接或间接的调控。Liu 等发现 miR-29b 受到 NF-κB 的抑制作用。Wang 等则发现,由于受到 NF-κB/YY1 信号通路的调控,miR-29b 扮演着肿瘤抑制剂的作用,它的异常表达会导致横纹肌肉瘤的发生。Mott 等验证了 NF-κB 对 miR-29b 的抑制作用同样存在于胆管细胞和胆管癌细胞中。miR-125b-1、miR-494、miR-130a 等一系列 miRNA 都受到 NF-κB 的调控作用。

2) miRNA 对 TNF-α 的调控

肿瘤坏死因子-α(tumor necrosis factor-α,TNF-α)是一种分泌的促炎

细胞因子。Semaan等发现miR-346在类风湿性关节炎中可以通过稳定锌指蛋白来控制TNF-α的释放量以及稳定它的mRNA。实验中发现过表达miR-346会抑制TNF-α蛋白在人体内的分泌,由此可见miR-346对于控制TNF-α的释放有着极其重要的作用。目前,miR-346被认为是人体炎症反应中一项重要的负调节因子,而这一切和TNF-α有着密切的关联。

Mejhert等发现miR-145在人类脂肪细胞中会和TNF-α产生关联。通过实验发现,miR-145可以增加甘油激酶的释放和TNF-α的分泌。过表达miR-145会明显上调TNF-α的表达量和分泌量,而miR-145这种对于TNF-α的促进作用恰恰正是由p65的激活所调控的。

由此可见,TNF-α和NF-κB之间有着密切的相互作用关系,而miRNA则在其中扮演着重要的角色。一部分的miRNA在炎症反应中会和TNF-α产生作用,而TNF-α在对NF-κB信号通路的调控中是极其重要的一环,而另一部分的miRNA则通过与p50、p65等NF-κB信号通路中的重要成员产生相互作用来间接调控TNF-α的表达和分泌。

3) miRNA对IκB的调控

miRNA对IκB的调控并不是直接产生的,而是需要通过激活IKK来进行的。IKK的家族成员主要有:IKKα、IKKβ、IKKγ和IKKε。miRNA首先会通过与IKK复合物的结合来激活IKK,IKK一旦被激活则会对IκB产生磷酸化,这就导致IκB从p50/p65/IκB三聚体脱离,并被泛素化。随后,NF-κB就从抑制状态进入激活状态,从而激发一系列的后续反应。

研究表明,人巨噬细胞分化过程中,miR-223、miR-23a、miR-15a和miR-16的表达水平迅速下降,直接导致IKKα表达升高,引起p52表达水平升高。p52过表达可显著抑制NF-κB通路靶基因的基础水平。IKKε在NF-κB通路的激活中具有负反馈调控的作用。实验证实miR-155通过下调NF-κB转录因子IKKε、IKKβ等靶基因参与负反馈调控。此外,通过构建IKBKε/YAP1/miR-Let-7b/I的调节反馈回路,IKKε促进了胶质母细胞瘤的进程。

4) miRNA对MyD88的调控

Spillane等在卵巢癌中发现,miR-21和miR-146a会靶向结合MyD88的mRNA,从而影响髓样细胞分化因子88(myeloid differentiation factor 88,

MyD88)在TLR4信号通路中的调控作用,而TLR4信号通路的激活与否则会直接影响到下游NF-κB的激活。同时他们发现miR-21和miR-146a对于调控的作用不仅只限于激活TLR4信号通路以及NF-κB,而且会通过调控MyD88的表达量来直接影响到卵巢癌细胞对于药物疗法的敏感性。

Wendlant等则发现miR-200b和miR-200c在TLR4信号通路和NF-κB的激活中同样扮演着重要的角色,而其中正是通过靶向结合MyD88来做到的。他们观察到将miR-200b和miR-200c转染进稳定表达TLR4的HEK293细胞中后,MyD88的表达量明显下降,而其他靶基因诸如IRAK-1和TRAF-6则不受影响。由此可见,miR-200b和miR-200c通过调控MyD88来影响TLR4信号通路,这对于宿主抵御微生物病原体有着极其重要的生理意义。

因此miRNA通过MyD88能够有效调控NF-κB,这对于炎症和肿瘤的发生发展有着极其重要的意义。

5) miRNA对TAK1的调控

Zhao等研究发现miR-26b可以通过靶向结合转化生长因子β激活性激酶1(TGFβ-activated kinase-1,TAK1)和TAK1结合蛋白(TAK1 binding protein 3,TAB3)来抑制NF-κB信号通路的激活。他们观察到在肝癌细胞QGY-7703和MHCC-97H中,miR-26b可以直接结合TAK1和TAB3的3′UTR区域来抑制它们的表达量,进而抑制TNF-α诱导产生的NF-κB信号通路,最终会增强肝癌细胞对于药物疗法的敏感性。

基于TAK1在整个NF-κB信号通路中特殊而又重要的位置,它与TAB1结合来共同激活NF-κB诱导激酶和IκB激酶,进而对整个NF-κB信号通路的展开起到重要的调控作用。

6) miRNA对CBM复合物的调控

CBM复合物主要通过调节核转录因子NF-κB的激活发挥重要作用,而核转录因子的激活是由抗原受体激活启动的。其中CARMA1是一种细胞骨架蛋白,在抗原受体激活后改变构象,并招募下游信号通路基因BCL10和MALT1。CARMA1和连接蛋白BCL10的相互识别是由CARD结构域介导的,而BCL10和MALT1是由细胞质介导,这三种蛋白质之间的相互作用稳定了CBM复合物。

miRNA 对 CBM 复合物也有调节作用。有研究表明，miR-181d 通过靶向 MALT1 发挥肿瘤抑制作用，通过 NF-κB 信号通路抑制胶质母细胞瘤。此外，miR-26 通过沉默 MALT1 来抑制 TNF-α/NF-κB 信号传导和 IL-6 表达。Gu 等发现 miR-539 可以通过靶向 CARMA1 调控人类甲状腺癌的迁移和侵袭。

7) miRNA 对 STAT3 的调控

Zhang 等发现在结肠癌中，miR-124 可以通过抑制信号转导子和 STAT3 来抑制癌细胞的增长。miR-124 通过直接与 STAT3 的 3′UTR 区域结合来抑制其表达量，而过表达 miR-124 则能够明显抑制结肠癌的增殖并且促进它的凋亡。同样的，特异性地敲除 STAT3 的表达也能起到抑制增殖和促进凋亡的作用。由此可见，miR-124 的抑癌作用正是基于对 STAT3 的结合所展开的。

Zhao 等研究发现 miR-155 也能靶向抑制 SOCS-1 和 STAT3。他们观察到，当过表达 miR-155 时，会明显促进喉鳞状细胞癌的增殖和侵袭能力，由此可见 miR-155 具有重要的促癌作用。

STAT3 和 NF-κB 共同调控一系列的靶基因，其中就包括抗凋亡基因和细胞周期调控基因。有研究显示，STAT3 能够通过调控乙酰基转移酶 p300 的表达量来改变 p65 的转录后翻译，而这种对 NF-κB 的调控机制在肿瘤中扮演着重要角色，往往能导致促炎症因子在肿瘤微环境中的慢性刺激。

2. NF-κB 信号通路与 lncRNA 在肿瘤中的作用

lncRNA 在肿瘤形成和转移的过程中发挥重要作用。不同的 lncRNA 具有不同的分子机制，发挥不同的生物功能。NF-κB 的活化也与 lncRNA 有关。

NF-κB 活化程度和 lncRNA 过表达或抑制 IκB 最直接相关，是 NF-κB 信号通路的负调控因子。Liu 等发现 NKILA（NF-κB 相互作用的 lncRNA）结合 NF-κB，在乳腺癌中 NF-κB 被炎症因子上调。NKILA 通过掩盖 IκB 的位置磷酸化抑制 IKK 磷酸化，从而抑制 NF-κB 信号通路的激活。进一步研究发现在 NKILA 的 300～500 nt 处存在两个发夹结构 A 和 B。发夹 A 与 NF-κB 的 DNA 结合区结合，发夹 B 与 p65 的 S51-R73 结合，阻止 IκBα 分离，形成稳定的 NKILA/NF-κB/IκBα 复合物。Yang 等研究发现 lncRNA 铁蛋白重链 1 假基因 3(lncRNA ferritin heavy chain 1 pseudogene 3,FTH1P3)通过 SP1(特异性蛋白 1)/NF-κB(p65)调控食管鳞癌的转移和侵袭。以上说明对 lncRNA 的作用机制进行研究,可深入了解 lncRNA 的分子机制和生物学功能,有助于在肿瘤发生过程中发现新的有效的抗癌策略。

此外,circRNA、piRNA 等其他类型的非编码 RNA 也参与了肿瘤相关信号通路的调控。研究发现,miR-7 与 circRNA(ciRS-7)具有 70 多个保守的 miR-7 结合位点,可有效结合 miR-7 并抑制 miR-7 靶基因,进而激活 NF-κB 信号通路。Leng 等研究发现 piR-DQ590027、miR-377 和 miR-153 在 GEC 中表达较低。FOXR2 是 miR-377 和 miR-153 的下游靶点。证实了 miR-dq590027/MIR17HG/miR-153(miR-377)/FOXR2 通路在调节胶质瘤条件下正常血脑屏障的通透性中起着至关重要的作用。当然,关于非编码 RNA 在肿瘤中的作用需要进一步研究。

第三节 总结与展望

一、EGFR 与 miRNA

现代医学技术的发展使得研究能进一步揭示各种疑难杂症的发病机制。就癌症而言,主流观点认为癌症是一种"遗传疾病"。随着下一代测序技术和人类基因组计划的推进,癌症的治疗逐渐走向精准医学时代。在这种情况下,新的疗法利用非编码 RNA,靶向在肿瘤发生中发挥关键作用的基因。

在确定 EGFR-TKI 在实践中的适用性时,应根据临床背景和对 EGFR 突变是否存在的预测仔细分析临床效益。此外,基于免疫的癌症预防也可以影响癌前生物学。已有研究表明,癌症疫苗通过重组免疫反应以预防、检测和排斥癌前细胞,这可能适用于 EGFR 治疗。

结合非编码 RNA 与 EGFR 的相互调控作用,各种克服 EGFR-TKI 耐药的新药临床研究为患者带来了曙光。而在曙光初现的同时,我们意识到其存在的困境与挑战,亦在继续探索有效地分子预测靶标。在肿瘤发展的过程中,非编码 RNA 的参与调控将成为未来许多领域的研究热点。精准医学赋予了人类一个实现全新医学突破的伟大机会,为拯救生命的发现迎来新时代。

二、NF-κB 信号通路与 miRNA

在 miRNA 参与的信号通路中，NF-κB 信号通路是极其重要的。在研究中它被发现对免疫反应、炎症反应和肿瘤发生发展起到重要的调控作用。miRNA 与 NF-κB 信号通路的主要关联就是，microRNA 通过直接或间接地对 NF-κB 信号通路中靶基因的表达量进行调控，从而在不同的肿瘤中起着不同作用，同时它本身也受到这些靶基因的调控。NF-κB 信号通路的激活可引起细胞对化疗药物的耐药和抑制细胞凋亡。结合 NF-κB 信号通路对肿瘤形成和耐药的影响，可以看出靶向 NF-κB 可有效抑制肿瘤的发展，减轻 NF-κB 信号通路激活引起的化疗药物耐受。此外，lncRNA 也是一个潜在的治疗靶点，对寻找有效的癌症抑制方法是至关重要的。通过对 NF-κB 信号通路中 lncRNA 的研究，相信会有针对 lncRNA 设计的药物或治疗方法。

综上所述，关于非编码 RNA 与 NF-κB 信号通路在肿瘤中关系的研究正在日趋深入，毋庸置疑的是，这两者关系的研究对于肿瘤发生发展的机制以及肿瘤治疗中新药物靶位点的提供都是具有极其重要的临床意义。

第十二章
非编码 RNA 应用举例：microRNA-199a

miRNA 这类小分子在生命活动中具有广泛的调节功能，对基因表达、生长发育和病理活动（肿瘤的增殖、转移、侵袭、周期改变、自噬，以及肿瘤治疗的应答等）均有十分深远且复杂的效应。其中 microRNA-199a（miR-199a）是一类在人体组织中广泛存在的基因家族，许多研究发现 miR-199a 在多种肿瘤组织中呈异常表达，表明 miR-199a 与肿瘤的发生发展密切相关。

第一节 miR-199a 的功能

一、miR-199a 家族基因

miR-199a 是位于发动蛋白 2（dynamin-2，DNM2）基因 16 号内含子的 miRNA，由德国科学家通过计算机分析并首先在小鼠细胞中成功克隆。在人源细胞中，miR-199a 有两种 pre-miRNA：一个是位于 19 号染色上的 pre-miR-199a-1，另一个是位于 1 号染色体上的 pre-miR-199a-2。可以从 5′端和 3′端在 Dicer 酶的作用下裂解合成得到两种不同的成熟体 miR-199a-3p 和 miR-199a-5p。miR-199a 家族基因在人体各组织中广泛表达，它们对肿瘤细胞的周期进程、转移能力、增殖能力和细胞凋亡等生命活动都有一定的调控作用。

二、miR-199a 在肿瘤中的调控作用

miR-199a 在多种肿瘤细胞中呈异常表达,在肝癌、肺癌、乳腺癌、膀胱癌、前列腺癌、宫颈癌等肿瘤细胞中的表达明显降低,在骨肉瘤、胃癌、胰腺癌等肿瘤细胞中的表达显著升高,提示 miR-199a 在肿瘤细胞中发挥类似抑癌基因或癌基因的作用。miR-199a 主要通过调控肿瘤细胞的生长增殖、细胞凋亡、侵袭、转移和耐药等生物学过程,从而在肿瘤细胞的发生与发展中发挥重要作用。近年来,有关 miR-199a 在肿瘤细胞中的作用已成为关注的热点,并开展了大量的研究。

1. miR-199a 与肝癌

肝癌是人类常见的、恶性程度高的肿瘤之一。利用 miRNA 小分子治疗肿瘤的研究越来越受到医学界和基础研究界的重视,不断推动 miRNA 研究的进展。

在肝癌研究中发现 miR-199a-5p 明显低表达,调控肿瘤细胞生物学过程进展,在肿瘤代谢过程中同时发挥重要的调控功能。Guo 等发现肝癌组织中 miR-199a-5p 明显下降,其表达量与肿瘤的大小、分化、迁移、分期以及生存率等具有密切联系。同时发现代谢过程中激酶 HK2 为 miR-199a-5p 的靶基因,在肝癌组织中呈高表达。miR-199a-5p 通过抑制 HK2 基因的表达从而抑制肝癌细胞的代谢过程,肿瘤发生及增殖等生物学进程,在肝癌中发挥重要的抑癌作用。Song 等通过 qRT-PCR 技术进一步验证 miR-199a-5p 在肝癌组织和细胞中都具有明显低表达趋势,可靶向作用于 FZD7 基因,从而负调控 Wnt 信号通路,对肝癌发生发展具有重要的调控功能。进而证实 miR-199a-5p 可作为肝癌的潜在诊断标志物,为临床治疗提供新的研究思路。

研究还发现 miR-199a-3p 在肝癌中明显低表达,作为重要的抑癌 miRNA,发挥重要的调控功能。在肝癌细胞株 SNU449 和 SNU423 中明显低表达,抑制其增殖。通过双荧光素酶报告实验证明 miR-199a-3p 靶向作用于 CD44 基因,影响肝癌细胞的迁移以及药物敏感性。同时,说明对于 CD44 阳性的肝癌细胞可通过 miR-199a-3p 与 CD44 基因的靶向关系进行选择性杀伤,对临床精准治疗,靶向治疗具有重要的指导意义。进一步发现,miR-

199a-3p 抑制 mTOR 和 c-Met 基因的表达,从而抑制肝癌细胞的周期、增殖以及迁移,并增强药物促凋亡的效果。Yin 等通过对 234 例肝癌血清病例研究发现,miR-199a-3p 的表达水平与患者的生存率密切相关,在肝癌血清中表达较正常样本明显降低,对早期诊断具有重要的指导意义,从而表明在肝癌的早期诊断、预防、治疗以及预后等领域具有潜在价值。

2. miR-199a 与乳腺癌

乳腺癌是女性中最常见的恶性肿瘤之一,在女性肿瘤死亡率中仅低于肺癌。导致乳腺癌死亡率高居不下的主要原因是肿瘤转移引起的并发症,肿瘤转移同时可引起肿瘤细胞的生长、迁移以及侵袭等生物学过程。miR-199a 在乳腺癌中的报道越来越多,参与多种基因和信号通路的调控。

Zhang 等通过对乳腺癌样本进行 miRNA 分析发现 miR-199a 在乳腺癌中具有特异性表达的特征,可作为早期诊断标志物识别乳腺癌,同时表明 miR-199a 在乳腺癌早期诊断中具有潜在的应用价值。Wang 等利用 qRT-PCR 技术检测乳腺癌组织和血清中特异性表达的 miRNA,研究发现 miR-199a 在组织和血清中都明显低表达,其表达水平与肿瘤的分期、分级和转移等特征有关,肿瘤恶性程度越高,其表达就越低。进而表明 miR-199a 在乳腺癌早期诊断,分级以及预后等过程中具有重要的作用。

Yi 等研究发现 miR-199a-5p 在乳腺癌细胞 MCF7 中抑制 DNA 损伤调节自噬调控因 α1(DNA damage regulated autophagy modulator 1, DRAM1) 和 Beclin1 基因的表达,从而影响辐射引起乳腺癌细胞的自噬过程,从而表明 miR-199a-5p 可作为乳腺癌细胞自噬过程中重要的调控因子,在肿瘤生物学过程和肿瘤治疗中发挥重要的调节作用。

3. miR-199a 与结肠癌

结肠癌是常见的消化道恶性肿瘤,占胃肠道肿瘤的第 3 位。术后复发和转移是其死亡的重要原因。miR-199a 在结肠癌发挥重要的抑癌基因作用,影响肿瘤细胞的生物学行为。

在结肠癌研究中,Mussnich 等研究者发现 miR-199a-5p 靶向于 PH 结构域富含亮氨酸重复蛋白磷酸酶 1(PH domain Leucin-rich repeat protein phosphatase 1,PHLPP1)基因从而影响肿瘤对 CTX(Cetuximab)药物的抗药

性,进而影响肿瘤细胞的生物学进程,在临床上具有重要的指导意义。Kim 等发现在结肠癌细胞中 miR-199a-5p 与 FZD(frizzled,卷曲的)基因具有明显的负相关关系。FZD 基因在多种肿瘤细胞中都发挥重要的调控功能,影响其增殖、分化、迁移和凋亡等多种生物学进程。miR-199a-5p 抑制 FZD 基因的表达而发挥重要的抑癌作用,结肠癌基因的靶向治疗中具有重要的潜在应用。

Han 等研究发现在结肠癌中 miR-199a-3p 通过作用于 Nemo 样激酶(Nemo like kinase,NLK)靶基因发挥重要的调控功能,NLK 作为结肠癌中已被证实的抑癌基因影响其生物学过程,包括细胞增殖、克隆形成、细胞迁移等,过表达 NLK 基因表达水平可促进结肠癌细胞凋亡。miR-199a-3p 与 NLK 基因之间的靶向关系为结肠癌诊断和治疗提供新的研究思路。Nonaka 等通过微阵列分析及 qRT-PCR 分子技术检测在血清样本中 miR-199a-3p 表达水平,结果表明 miR-199a-3p 显著高表达,在血清诊断标志物中根据临床和病理调查信息分析,miR-199a-3p 高表达水平与结肠癌迁移特性显著相关,进而证明可作为结肠癌血清中重要的诊断标志物。

第二节　miR-199a 在肺癌中的作用机理

肺癌是全球癌症死亡的主要原因,死亡率一直高居首位,对人群健康和生命安全产生极大的威胁。miR-199a 在肺癌中的调控起到重要作用,成为肺癌治疗中重要的潜在诊断标志物及治疗的药物,为肺癌的治疗提供新的研究方向和治疗指导。

Gang 等研究表明 miR-199a 在肺癌组织中普遍低表达,HIF-1α 为其靶基因。该基因在肺癌生存率以及细胞增殖等方面具有重要的促进作用,miR-199a 通过抑制 HIF-1α 基因的表达进而影响肺癌的发生发展。Mudduluru 等使用 qRT-PCR 检测 miR-199a 在 44 例肺癌组织中的表达水平,结果表明 miR-199a 显著低表达,并通过抑制靶基因 Axl 的表达从而抑制肺癌细胞的增殖,迁移以及侵袭等生物学过程。Ahmadi 等发现 miR-199a-5p 和 miR-495 在肺癌中共同靶向 G 蛋白偶联受体 78(G-protein-coupled receptor,

GRP78)激活 UPR 通路抑制癌症的进程。

2022年,马中良实验室测定了 miR-199a-3p 和 miR-199a-5p 在 NSCLC 的临床组织样本以及细胞系中都呈现低表达的趋势。根据生物信息学的分析结果显示 miR-199a-3p 和 miR-199a-5p 表达水平与肺癌的分期进展密切相关,并且对总生存率有一定的影响。过表达 miR-199a-3p/5p 可以抑制 NSCLC 的细胞增殖和迁移,促进细胞凋亡;抑制 miR-199a-3p 和 miR-199a-5p 能促进 NSCLC 的发展,从两方面验证了 miR-199a-3p 和 miR-199a-5p 对 NSCLC 的抑制作用。并且在数据库中筛选分析到 miR-199a-3p 和 miR-199a-5p 的共同靶基因 Rheb,参与调控下游 mTOR 信号通路。体内动物实验结果显示,miR-199a(miR-199a-3p 和 miR-199a-5p)在裸鼠体内能抑制肿瘤瘤体的生长及转移。另外,还发现 miR-199a-3p 和 miR-199a-5p 能增强 NSCLC 中 EGFR-T790M 引起的吉非替尼药物的敏感性。这些研究表明,miR-199a-3p/5p 能够通过靶向 Rheb 抑制 mTOR 信号通路,进而抑制 NSCLC 的进程。通过对 pre-miR-199a/Rheb/mTOR 轴在 NSCLC 中的抑癌作用研究,使我们对 miR-199a-3p 和 miR-199a-5p 具有成为 NSCLC 早期诊断标志物或治疗药物的潜在可能性有了更深刻的认识。

第三节 总结与展望

miR-199a-3p 和 miR-199a-5p 在不同肿瘤中发挥着不同的作用,并且可以与不同的靶基因互相调控。miR-199a-3p 和 miR-199a-5p 作为重要的转录后调控因子,通过广泛参与肿瘤相关基因的调控,参与肿瘤细胞的增殖、凋亡、分化与转移等生物学过程,并通过调节化疗药物的敏感性参与肿瘤的治疗。如 miR-199a-3p 能与 CD86、AK4 和 ITGB8 等基因存在靶向关系,miR-199a-5p 靶向于基因 MAPK11、Sirt1 和 GRP78 等基因。miR-199a-3p 和 miR-199a-5p 与靶基因的相互调控网络(图 12.1)。由此看来,miR-199a-3p 和 miR-199a-5p 可参与调控与肿瘤相关基因的表达情况,并且这两个 miRNA 在基因表达上担任着重要开关的作用。

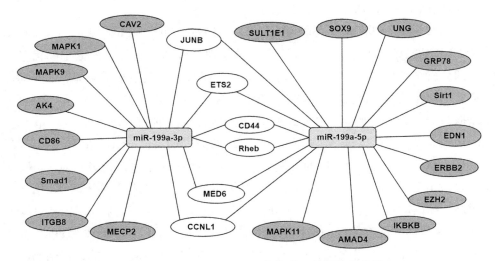

图 12.1　miR‑199a‑3p/5p 与靶基因的调控网络图

目前,miR‑199a 与肿瘤的研究仍不全面,我们知道 miRNA 可以通过调节其靶点功能发挥作用,随着研究的深入和科技的进步,人们将会彻底了解 miR‑199a 在肿瘤发生发展中的重要作用,以 miR‑199a 为研究目标,探究其在肿瘤预防、诊断、治疗及预后中重要的潜在机制和应用价值将会成为新热点,为肿瘤精准治疗提供重要的应用价值。

主要参考文献

廖天赐,郑婷,沈林园,等. tsRNAs 的作用机制及其在相关疾病中的潜在应用[J]. 中国生物工程杂志, 2022, 42(3): 82-90.

Abdel Wahab A H A, Ayad E G, Abdulla M S, et al. Induction of Anti-Proliferative and Apoptotic Effects of Sorafenib Using miR-27a Inhibitor in Hepatocellular Carcinoma Cell Lines[J]. Asian Pac J Cancer Prev, 2021, 22(9): 2951-2958.

Aravalli R N, Cressman E N, Steer C J. Cellular and molecular mechanisms of hepatocellular carcinoma: an update[J]. Arch Toxicol, 2013, 87(2): 227-47.

Bai J, Gao Y, Du Y, et al. MicroRNA-300 inhibits the growth of hepatocellular carcinoma cells by downregulating CREPT/Wnt/beta-catenin signaling [J]. Oncol Lett, 2019, 18(4): 3743-3753.

Balatti V, Nigita G, Veneziano D, et al. tsRNA signatures in cancer[J]. Proc Natl Acad Sci U S A, 2017, 114(30): 8071-8076.

Bi H Q, Li Z H, Zhang H. Long noncoding RNA HAND2-AS1 reduced the viability of hepatocellular carcinoma via targeting microRNA-300/SOCS5 axis[J]. Hepatobiliary Pancreat Dis Int, 2020, 19(6): 567-574.

Borek E, Baliga B, Gehrke C, et al. High turnover rate of transfer RNA in tumor tissue[J]. Cancer Res, 1977, 37(9): 3362-3366.

Cao K, Yan T, Zhang J, et al. A tRNA-derived fragment from Chinese yew suppresses ovarian cancer growth via targeting TRPA1[J]. Mol Ther Nucleic Acids, 2022, 27: 718-732.

Chang H, Li J, Luo Y, et al. TFB2M activates aerobic glycolysis in hepatocellular carcinoma cells through the NAD（＋）/SIRT3/HIF－1alpha signaling[J]. J Gastroenterol Hepatol, 2021, 36(10): 2978－2988.

Chang L, Li C, Lan T, et al. Decreased expression of long non-coding RNA GAS5 indicates a poor prognosis and promotes cell proliferation and invasion in hepatocellular carcinoma by regulating vimentin[J]. Mol Med Rep, 2016, 13(2): 1541－50.

Chen B, Liu S, Wang H, et al. Differential Expression Profiles and Function Prediction of Transfer RNA－Derived Fragments in High-Grade Serous Ovarian Cancer[J]. Biomed Res Int, 2021, 2021: 5594081.

Chen K, Hou Y, Liao R, et al. LncRNA SNHG6 promotes G1/S－phase transition in hepatocellular carcinoma by impairing miR－204－5p－mediated inhibition of E2F1[J]. Oncogene, 2021, 40(18): 3217－3230.

Chen T, Liu R, Niu Y, et al. HIF－1alpha－activated long non-coding RNA KDM4A－AS1 promotes hepatocellular carcinoma progression via the miR－411－5p/KPNA2/AKT pathway[J]. Cell Death Dis, 2021, 12(12): 1152.

Chen Y, Li S, Wei Y, et al. Circ－RNF13, as an oncogene, regulates malignant progression of HBV－associated hepatocellular carcinoma cells and HBV infection through ceRNA pathway of circ－RNF13/miR－424－5p/TGIF2[J]. Bosn J Basic Med Sci, 2021, 21(5): 555－568.

Chen Y, Huang F, Deng L, et al. HIF－1－miR－219－SMC4 Regulatory Pathway Promoting Proliferation and Migration of HCC under Hypoxic Condition[J]. Biomed Res Int, 2019, 2019: 8983704.

Chen Y, Guo Y, Li Y, et al. miR300 regulates tumor proliferation and metastasis by targeting lymphoid enhancer binding factor 1 in hepatocellular carcinoma[J]. Int J Oncol, 2019, 54(4): 1282－1294.

Chen Z, Qi M, Shen B, et al. Transfer RNA demethylase ALKBH3 promotes cancer progression via induction of tRNA－derived small RNAs[J]. Nucleic Acids Res, 2019, 47(5): 2533－2545.

Chiou N, Kageyama R, Ansel K. Selective Export into Extracellular Vesicles and Function of tRNA Fragments during T Cell Activation[J]. Cell Reports, 2018, 25(12): 3356-3370.

Cole C, Sobala A, Lu C, et al. Filtering of deep sequencing data reveals the existence of abundant Dicer-dependent small RNAs derived from tRNAs[J]. RNA, 2009, 15(12): 2147-2160.

Cui M, Qu F, Wang L, et al. MiR-18a-5p Facilitates Progression of Hepatocellular Carcinoma by Targeting CPEB3[J]. Technol Cancer Res Treat, 2021, 20: 15330338211043976.

Daige C L, Wiggins J F, Priddy L, et al. Systemic delivery of a miR34a mimic as a potential therapeutic for liver cancer[J]. Mol Cancer Ther, 2014, 13(10): 2352-2360.

Dietrich P, Koch A, Fritz V, et al. Wild type Kirsten rat sarcoma is a novel microRNA-622-regulated therapeutic target for hepatocellular carcinoma and contributes to sorafenib resistance[J]. Gut, 2018, 67(7): 1328-1341.

Duan J L, Chen W, Xie J J, et al. A novel peptide encoded by N6-methyladenosine modified circMAP3K4 prevents apoptosis in hepatocellular carcinoma[J]. Mol Cancer, 2022, 21(1): 93.

Duan X, Li W, Hu P, et al. MicroRNA-183-5p contributes to malignant progression through targeting PDCD4 in human hepatocellular carcinoma[J]. Biosci Rep, 2020, 40(10): BSR20201761.

El-Mezayen H, Yamamura K, Yusa T, et al. MicroRNA-25 Exerts an Oncogenic Function by Regulating the Ubiquitin Ligase Fbxw7 in Hepatocellular Carcinoma[J]. Ann Surg Oncol, 2021, 28(12): 7973-7982.

Falconi M, Giangrossi M, Zabaleta M, et al. A novel 3'-tRNA(Glu)-derived fragment acts as a tumor suppressor in breast cancer by targeting nucleolin[J]. Faseb j, 2019, 33(12): 13228-13240.

Fang P, Xiang L, Chen W, et al. LncRNA GAS5 enhanced the killing effect of NK cell on liver cancer through regulating miR-544/RUNX3[J].

Innate Immun, 2019, 25(2): 99-109.

Fang Z Q, Li M C, Zhang Y Q, et al. MiR-490-5p inhibits the metastasis of hepatocellular carcinoma by down-regulating E2F2 and ECT2[J]. J Cell Biochem, 2018, 119(10): 8317-8324.

Feng J, Dai W, Mao Y, et al. Simvastatin re-sensitizes hepatocellular carcinoma cells to sorafenib by inhibiting HIF-1alpha/PPAR-gamma/PKM2-mediated glycolysis[J]. J Exp Clin Cancer Res, 2020, 39(1): 24.

Feng W, Xue T, Huang S, et al. HIF-1alpha promotes the migration and invasion of hepatocellular carcinoma cells via the IL-8-NF-kappaB axis[J]. Cell Mol Biol Lett, 2018, 23: 26.

Feng Y, Zu L L, Zhang L. MicroRNA-26b inhibits the tumor growth of human liver cancer through the PI3K/Akt and NF-kappaB/MMP-9/VEGF pathways[J]. Oncol Rep, 2018, 39(5): 2288-2296.

Folkman J. Tumor angiogenesis: therapeutic implications[J]. N Engl J Med, 1971, 285(21): 1182-6.

Fu H, Zhang J, Pan T, et al. miR378a enhances the sensitivity of liver cancer to sorafenib by targeting VEGFR, PDGFRbeta and cRaf[J]. Mol Med Rep, 2018, 17(3): 4581-4588.

Furuke H, Konishi H, Arita T, et al. miR4730 suppresses the progression of liver cancer by targeting the high mobility group A1 pathway[J]. Int J Mol Med, 2022, 49(6): 83.

Furuta M, Kozaki K I, Tanaka S, et al. miR-124 and miR-203 are epigenetically silenced tumor-suppressive microRNAs in hepatocellular carcinoma[J]. Carcinogenesis, 2010, 31(5): 766-776.

Ghafouri-Fard S, Dashti S, Taheri M, et al. TINCR: An lncRNA with dual functions in the carcinogenesis process[J]. Noncoding RNA Res, 2020, 5(3): 109-115.

Ghosh A, Dasgupta D, Ghosh A, et al. MiRNA199a-3p suppresses tumor growth, migration, invasion and angiogenesis in hepatocellular carcinoma by targeting VEGFA, VEGFR1, VEGFR2, HGF and MMP2

[J]. Cell Death Dis, 2017, 8(3): e2706.

Gong T T, Sun F Z, Chen J Y, et al. The circular RNA circPTK2 inhibits EMT in hepatocellular carcinoma by acting as a ceRNA and sponging miR-92a to upregulate E-cadherin[J]. Eur Rev Med Pharmacol Sci, 2020, 24(18): 9333-9342.

Goodarzi H, Liu X, Nguyen H, et al. Endogenous tRNA-Derived Fragments Suppress Breast Cancer Progression via YBX1 Displacement [J]. Cell, 2015, 161(4): 790-802.

Guan L, Karaiskos S, Grigoriev A. Inferring targeting modes of Argonaute-loaded tRNA fragments[J]. RNA Biol, 2020, 17(8): 1070-1080.

Gu H, Gu S, Zhang X, et al. miR-106b-5p promotes aggressive progression of hepatocellular carcinoma via targeting RUNX3[J]. Cancer Med, 2019, 8(15): 6756-6767.

Hanahan D, Weinberg R A. Hallmarks of cancer: the next generation[J]. Cell, 2011, 144(5): 646-74.

Han L, Lin X, Yan Q, et al. PBLD inhibits angiogenesis via impeding VEGF/VEGFR2-mediated microenvironmental cross-talk between HCC cells and endothelial cells[J]. Oncogene, 2022, 41(13): 1851-1865.

Han S, Wang L, Sun L, et al. MicroRNA-1251-5p promotes tumor growth and metastasis of hepatocellular carcinoma by targeting AKAP12 [J]. Biomed Pharmacother, 2020, 122: 109754.

Hao P, Yue F, Xian X, et al. Inhibiting effect of MicroRNA-3619-5p/PSMD10 axis on liver cancer cell growth in vivo and in vitro[J]. Life Sci, 2020, 254: 117632.

Hayashi M, Yamada S, Kurimoto K, et al. miR-23b-3p Plays an Oncogenic Role in Hepatocellular Carcinoma[J]. Ann Surg Oncol, 2021, 28(6): 3416-3426.

He S, Guo Z, Kang Q, et al. Circular RNA hsa_circ_0000517 modulates hepatocellular carcinoma advancement via the miR-326/SMAD6 axis

[J]. Cancer Cell Int,2020,20:360.

Hong D S,Kang Y K,Borad M,et al. Phase 1 study of MRX34,a liposomal miR‐34a mimic,in patients with advanced solid tumours[J]. Br J Cancer,2020,122(11):1630‐1637.

Huang G,Liang M,Liu H,et al. CircRNA hsa_circRNA_104348 promotes hepatocellular carcinoma progression through modulating miR‐187‐3p/RTKN2 axis and activating Wnt/beta-catenin pathway[J]. Cell Death Dis,2020,11(12):1065.

Huang Y H,Lian W S,Wang F S,et al. MiR‐29a Curbs Hepatocellular Carcinoma Incidence via Targeting of HIF‐1alpha and ANGPT2[J]. Int J Mol Sci,2022,23(3):1636.

Huang Z,Su G,Bi X,et al. Over-expression of long non-coding RNA insulin‐like growth factor 2‐antisense suppressed hepatocellular carcinoma cell proliferation and metastasis by regulating the microRNA‐520h/cyclin‐dependent kinase inhibitor 1A signaling pathway[J]. Bioengineered,2021,12(1):6952‐6966.

Huarte M. The emerging role of lncRNAs in cancer[J]. Nat Med,2015,21(11):1253‐61.

Hu F,Niu Y,Mao X,et al. tsRNA‐5001a promotes proliferation of lung adenocarcinoma cells and is associated with postoperative recurrence in lung adenocarcinoma patients[J]. Transl Lung Cancer Res,2021,10(10):3957‐3972.

Hu J J,Zhou C,Luo X,et al. Linc‐SCRG1 accelerates progression of hepatocellular carcinoma as a ceRNA of miR26a to derepress SKP2[J]. J Exp Clin Cancer Res,2021,40(1):26.

Hu L,Ye H,Huang G,et al. Long noncoding RNA GAS5 suppresses the migration and invasion of hepatocellular carcinoma cells via miR‐21[J]. Tumour Biol,2016,37(2):2691‐702.

Iwai N,Yasui K,Tomie A,et al. Oncogenic miR‐96‐5p inhibits apoptosis by targeting the caspase‐9 gene in hepatocellular carcinoma[J]. Int J

Oncol, 2018, 53(1): 237-245.

Jeck W R, Sharpless N E. Detecting and characterizing circular RNAs[J]. Nat Biotechnol, 2014, 32(5): 453-61.

Jia C, Yao Z, Lin Z, et al. circNFATC3 sponges miR-548I acts as a ceRNA to protect NFATC3 itself and suppressed hepatocellular carcinoma progression[J]. J Cell Physiol, 2021, 236(2): 1252-1269.

Jia G, Wang Y, Lin C, et al. LNCAROD enhances hepatocellular carcinoma malignancy by activating glycolysis through induction of pyruvate kinase isoform PKM2[J]. J Exp Clin Cancer Res, 2021, 40(1): 299.

Jiang B, Tian M, Li G, et al. circEPS15 Overexpression in Hepatocellular Carcinoma Modulates Tumor Invasion and Migration[J]. Front Genet, 2022, 13: 804848.

Ji J, Tang J, Deng L, et al. LINC00152 promotes proliferation in hepatocellular carcinoma by targeting EpCAM via the mTOR signaling pathway[J]. Oncotarget, 2015, 6(40): 42813-24.

Ji Y, Yang S, Yan X, et al. CircCRIM1 Promotes Hepatocellular Carcinoma Proliferation and Angiogenesis by Sponging miR-378a-3p and Regulating SKP2 Expression[J]. Front Cell Dev Biol, 2021, 9: 796686.

Kannan M, Jayamohan S, Moorthy R K, et al. AEG-1/miR-221 Axis Cooperatively Regulates the Progression of Hepatocellular Carcinoma by Targeting PTEN/PI3K/AKT Signaling Pathway[J]. Int J Mol Sci, 2019, 20(22): 5526.

Karousi P, Katsaraki K, Papageorgiou S, et al. Identification of a novel tRNA-derived RNA fragment exhibiting high prognostic potential in chronic lymphocytic leukemia[J]. Hematol Oncol, 2019, 37(4): 498-504.

Kim H, Fuchs G, Wang S, et al. A transfer-RNA-derived small RNA regulates ribosome biogenesis[J]. Nature, 2017, 552(7683): 57-62.

Kretz M. TINCR, staufen1, and cellular differentiation[J]. RNA Biol, 2013, 10(10): 1597-601.

Kumar P Anaya J, Mudunuri S, et al. Meta-analysis of tRNA derived RNA fragments reveals that they are evolutionarily conserved and associate with AGO proteins to recognize specific RNA targets[J]. BMC Biol, 2014, 12: 78.

Kung-Chun Chiu D, Pui-Wah Tse A, Law C T, et al. Hypoxia regulates the mitochondrial activity of hepatocellular carcinoma cells through HIF/HEY1/PINK1 pathway[J]. Cell Death Dis, 2019, 10(12): 934.

Lai E C, Tomancak P, Williams R W, et al. Computational identification of Drosophila microRNA genes[J]. Genome Biol, 2003, 4(7): R42.

Liao Z, Zhang H, Su C, et al. Long noncoding RNA SNHG14 promotes hepatocellular carcinoma progression by regulating miR-876-5p/SSR2 axis[J]. J Exp Clin Cancer Res, 2021, 40(1): 36.

Li C, Wang Z, Chen S, et al. MicroRNA-552 promotes hepatocellular carcinoma progression by downregulating WIF1[J]. Int J Mol Med, 2018, 42(6): 3309-3317.

Li D, Zhou T, Li Y, et al. LINC02362 attenuates hepatocellular carcinoma progression through the miR-516b-5p/SOSC2 axis[J]. Aging (Albany NY), 2022, 14(1): 368-388.

Li H, Zhang B, Ding M, et al. C1QTNF1-AS1 regulates the occurrence and development of hepatocellular carcinoma by regulating miR-221-3p/SOCS3[J]. Hepatol Int, 2019, 13(3): 277-292.

Li H, Guo D, Zhang Y, et al. miR-664b-5p Inhibits Hepatocellular Cancer Cell Proliferation Through Targeting Oncogene AKT2[J]. Cancer Biother Radiopharm, 2020, 35(8): 605-614.

Li J, Cao C, Fang L, et al. Serum transfer RNA-derived fragment tRF-31-79MP9P9NH57SD acts as a novel diagnostic biomarker for non-small cell lung cancer[J]. J Clin Lab Anal, 2022, 36(7): 10.1002.

Li K, Chen Y. CYP2C8 regulated by GAS5/miR-382-3p exerts anti-cancerous properties in liver cancer[J]. Cancer Biol Ther, 2020, 21(12): 1145-1153.

Lin Y H, Wu M H, Yeh C T, et al. Long Non-Coding RNAs as Mediators of Tumor Microenvironment and Liver Cancer Cell Communication[J]. Int J Mol Sci, 2018, 19(12): 3742.

Li Q, Ni Y, Zhang L, et al. HIF–1alpha–induced expression of m6A reader YTHDF1 drives hypoxia-induced autophagy and malignancy of hepatocellular carcinoma by promoting ATG2A and ATG14 translation[J]. Signal Transduct Target Ther, 2021, 6(1): 76.

Li S Q, Chen Q, Qin H X, et al. Long Intergenic Nonprotein Coding RNA 0152 Promotes Hepatocellular Carcinoma Progression by Regulating Phosphatidylinositol 3–Kinase/Akt/Mammalian Target of Rapamycin Signaling Pathway through miR–139/PIK3CA[J]. Am J Pathol, 2020, 190(5): 1095–1107.

Li S Y, Zhu Y, Li R N, et al. LncRNA Lnc–APUE is Repressed by HNF4alpha and Promotes G1/S Phase Transition and Tumor Growth by Regulating MiR–20b/E2F1 Axis[J]. Adv Sci (Weinh), 2021, 8(7): 2003094.

Liu D, Zhu Y, Pang J, et al. Knockdown of long non-coding RNA MALAT1 inhibits growth and motility of human hepatoma cells via modulation of miR–195[J]. J Cell Biochem, 2018, 119(2): 1368–1380.

Liu H, Tang T, Hu X, et al. miR–138–5p Inhibits Vascular Mimicry by Targeting the HIF–1alpha/VEGFA Pathway in Hepatocellular Carcinoma [J]. J Immunol Res, 2022, 2022: 7318950.

Liu P, Zhong Q, Song Y, et al. Long noncoding RNA Linc01612 represses hepatocellular carcinoma progression by regulating miR–494/ATF3/p53 axis and promoting ubiquitination of YBX1[J]. Int J Biol Sci, 2022, 18(7): 2932–2948.

Liu T, Shi Q, Yang L, et al. Long non-coding RNAs HERH–1 and HERH–4 facilitate cyclin A2 expression and accelerate cell cycle progression in advanced hepatocellular carcinoma[J]. BMC Cancer, 2021, 21(1): 957.

Liu Y, Ren F, Rong M, et al. Association between underexpression of microrna-203 and clinicopathological significance in hepatocellular carcinoma tissues[J]. Cancer Cell Int, 2015, 15: 62.

Liu Y, Zhang Y, Xiao B, et al. MiR-103a promotes tumour growth and influences glucose metabolism in hepatocellular carcinoma[J]. Cell Death Dis, 2021, 12(6): 618.

Liu Z, Ma M, Yan L, et al. miR-370 regulates ISG15 expression and influences IFN-alpha sensitivity in hepatocellular carcinoma cells[J]. Cancer Biomark, 2018, 22(3): 453-466.

Liu Z, Sun J, Liu B, et al. miRNA222 promotes liver cancer cell proliferation, migration and invasion and inhibits apoptosis by targeting BBC3[J]. Int J Mol Med, 2018, 42(1): 141-148.

Liu Z, Dang C, Xing E, et al. Overexpression of CASC2 Improves Cisplatin Sensitivity in Hepatocellular Carcinoma Through Sponging miR-222[J]. DNA Cell Biol, 2019, 38(11): 1366-1373.

Li X, Liu X, Xu W, et al. c-MYC-regulated miR-23a/24-2/27a cluster promotes mammary carcinoma cell invasion and hepatic metastasis by targeting Sprouty2[J]. J Biol Chem, 2013, 288(25): 18121-33.

Long Q, Zou X, Song Y, et al. PFKFB3/HIF-1alpha feedback loop modulates sorafenib resistance in hepatocellular carcinoma cells[J]. Biochem Biophys Res Commun, 2019, 513(3): 642-650.

Lu Z, Li X, Xu Y, et al. microRNA-17 functions as an oncogene by downregulating Smad3 expression in hepatocellular carcinoma[J]. Cell Death Dis, 2019, 10(10): 723.

Lyu L H, Zhang C Y, Yang W J, et al. Hsa_circ_0003945 promotes progression of hepatocellular carcinoma by mediating miR-34c-5p/LGR4/beta-catenin axis activity[J]. J Cell Mol Med, 2022, 26(8): 2218-2229.

Ma H, Xie L, Zhang L, et al. Activated hepatic stellate cells promote epithelial-to-mesenchymal transition in hepatocellular carcinoma through transglutaminase2-induced pseudohypoxia[J]. Commun Biol, 2018, 1:

168.

Ma J, Liu F. Study of tRNA-Derived Fragment tRF-20-S998LO9D in Pan-Cancer[J]. Dis Markers, 2022, 2022: 8799319.

Maute R, Schneider C. Sumazin P. et al. tRNA-derived microRNA modulates proliferation and the DNA damage response and is down-regulated in B cell lymphoma[J]. Proc Natl Acad Sci U S A, 2013, 110(4): 1404-1409.

Ma Y S, Lv Z W, Yu F, et al. MicroRNA-302a/d inhibits the self-renewal capability and cell cycle entry of liver cancer stem cells by targeting the E2F7/AKT axis[J]. J Exp Clin Cancer Res, 2018, 37(1): 252.

Ma Z, Zhou J. Shao Y, et al. Biochemical properties and progress in cancers of tRNA-derived fragments[J]. J Cell Biochem, 2020, 121(3): 2058-2063.

Mei J, Lin W, Li S, et al. Long noncoding RNA TINCR facilitates hepatocellular carcinoma progression and dampens chemosensitivity to oxaliplatin by regulating the miR-195-3p/ST6GAL1/NF-kappaB pathway[J]. J Exp Clin Cancer Res, 2022, 41(1): 5.

Memczak S, Jens M, Elefsinioti A, et al. Circular RNAs are a large class of animal RNAs with regulatory potency[J]. Nature, 2013, 495(7441): 333-8.

Merhautova J, Demlova R, Slaby O. MicroRNA-Based Therapy in Animal Models of Selected Gastrointestinal Cancers[J]. Front Pharmacol, 2016, 7: 329.

Mo D, Jiang P, Yang Y, et al. A tRNA fragment, 5'-tiRNA (Val), suppresses the Wnt/p-catenin signaling pathway by targeting FZD3 in breast cancer[J]. Cancer Lett, 2019, 457: 60-73.

Mou Y, Sun Q. The long non-coding RNA ASMTL-AS1 promotes hepatocellular carcinoma progression by sponging miR-1343-3p that suppresses LAMC1 (laminin subunit gamma 1) [J]. Bioengineered, 2022, 13(1): 746-758.

Neumann O, Kesselmeier M, Geffers R, et al. Methylome analysis and integrative profiling of human HCCs identify novel protumorigenic factors[J]. Hepatology, 2012, 56(5): 1817-27.

Nishida N, Kudo M. Oncogenic Signal and Tumor Microenviroment in Hepatocellular Carcinoma[J]. Oncology, 2017, 93 Suppl 1: 160-164.

Niu K, Qu S, Zhang X, et al. LncRNA-URHC Functions as ceRNA to Regulate DNAJB9 Expression by Competitively Binding to miR-5007-3p in Hepatocellular Carcinoma[J]. Evid Based Complement Alternat Med, 2021: 3031482.

Niu Y, Lin Z, Wan A, et al. Loss-of-Function Genetic Screening Identifies Aldolase A as an Essential Driver for Liver Cancer Cell Growth Under Hypoxia[J]. Hepatology, 2021, 74(3): 1461-1479.

Olvedy M, Searavilli M, Hoogstrate Y, et al. A comprehensive repertoire of tRNA-derived fragments in prostate cancer[J]. Oncotarget, 2016, 7(17): 24766-24777.

Pan L, Huang X, Liu Z, et al. Inflammatory cytokine-regulated tRNA-derived fragment tRF-21 suppresses pancreatic ductal adenocarcinoma progression [J]. J Clin Invest, 2021, 131(22): 148130.

Panoutsopoulou K, Dreyer T, Dorn J, et al. tRNAGlyGCC-Derived Internal Fragment (i-tRF-GlyGCC) in Ovarian Cancer Treatment Outcome and Progression[J]. Cancers (Basel), 2021, 14(1): 24.

Pan Q, Shao Z, Zhang Y, et al. MicroRNA-1178-3p suppresses the growth of hepatocellular carcinoma by regulating transducin (beta)-like 1 X-linked receptor 1[J]. Hum Cell, 2021, 34(5): 1466-1477.

Pan Y, Tong S, Cui R, et al. Long Non-Coding MALAT1 Functions as a Competing Endogenous RNA to Regulate Vimentin Expression by Sponging miR-30a-5p in Hepatocellular Carcinoma[J]. Cell Physiol Biochem, 2018, 50(1): 108-120.

Pekarsky Y, Balatti V, Palamarchuk A, et al. Dysregulation of a family of short noncoding RNAs, tsRNAs, in human cancer[J]. Proc Natl Acad

Sci U S A, 2016, 113(18): 5071-5076.

Pellegrino R, Castoldi M, Ticconi F, et al. LINC00152 Drives a Competing Endogenous RNA Network in Human Hepatocellular Carcinoma[J]. Cells, 2022, 11(9): 1528.

Peng E, Shu Y, Wu Y, et al. Presence and diagnostic value of circulating tsncRNA for ovarian tumor[J]. Mol Cancer, 2018, 17(1): 163.

Peng X, Gao H, Xu R, et al. The interplay between HIF-1alpha and noncoding RNAs in cancer[J]. J Exp Clin Cancer Res, 2020, 39(1): 27.

Petrova V, Annicchiarico-Petruzzelli M, Melino G, et al. The hypoxic tumour microenvironment[J]. Oncogenesis, 2018, 7(1): 10.

Piao H Y, Liu Y, Kang Y, et al. Hypoxia associated lncRNA HYPAL promotes proliferation of gastric cancer as ceRNA by sponging miR-431-5p to upregulate CDK14[J]. Gastric Cancer, 2022, 25(1): 44-63.

Pliatsika V, Loher P, Magee R, et al. MINTbase v2.0: a comprehensive database for tRNA-derived fragments that includes nuclear and mitochondrial fragments from all The Cancer Genome Atlas projects[J]. Nucleic Acids Res, 2018, 46(D1): D152-D159.

Pu J, Wang J, Xu Z, et al. miR-632 Functions as Oncogene in Hepatocellular Carcinoma via Targeting MYCT1[J]. Hum Gene Ther Clin Dev, 2019, 30(2): 67-73.

Qureshi-Baig K, Kuhn D, Viry E, et al. Hypoxia-induced autophagy drives colorectal cancer initiation and progression by activating the PRKC/PKC-EZR (ezrin) pathway[J]. Autophagy, 2020, 16(8): 1436-1452.

Rao D, Guan S, Huang J, et al. miR-425-5p Acts as a Molecular Marker and Promoted Proliferation, Migration by Targeting RNF11 in Hepatocellular Carcinoma[J]. Biomed Res Int, 2020, 2020: 6530973.

Rosenbaum J, Holz G. Amino acid activation in subcellular fractions of Tetrahymena pyriformis[J]. J Protozool, 1966, 13(1): 115-123.

Roy S, Kumaravel S, Sharma A, et al. Hypoxic tumor microenvironment: Implications for cancer therapy[J]. Exp Biol Med (Maywood), 2020,

245(13): 1073-1086.

Saikia M, Jobava R, Parisien M, et al. Angiogenin-cleaved tRNA halves interact with cytochrome c, protecting cells from apoptosis during osmotic stress[J]. Mol Cell Biol, 2014, 34(13): 2450-2463.

Satija S, Kaur H, Tambuwala M, et al. Hypoxia-Inducible Factor (HIF): Fuel for Cancer Progression[J]. Curr Mol Pharmacol, 2021, 14(3): 321-332.

Semenza G L. Hypoxia-inducible factors: mediators of cancer progression and targets for cancer therapy[J]. Trends Pharmacol Sci, 2012, 33(4): 207-14.

Seo J, Jeong D, Park J, et al. Fatty-acid-induced FABP5/HIF-1 reprograms lipid metabolism and enhances the proliferation of liver cancer cells[J]. Commun Biol, 2020, 3(1): 638.

Shao Y, Sun Q, Liu X, et al. tRF-Leu-CAG promotes cell proliferation and cell cycle in non-small cell lung cancer[J]. Chem Biol Drug Des, 2017, 90(5): 730-738.

Shen G, Li X, Jia Y F, et al. Hypoxia-regulated microRNAs in human cancer [J]. Acta Pharmacol Sin, 2013, 34(3): 336-41.

Shen H, Li H, Zhou J. Circular RNA hsa_circ_0032683 inhibits the progression of hepatocellular carcinoma by sponging microRNA-338-5p[J]. Bioengineered, 2022, 13(2): 2321-2335.

Shi X, Liu T T, Yu X N, et al. microRNA-93-5p promotes hepatocellular carcinoma progression via a microRNA-93-5p/MAP3K2/c-Jun positive feedback circuit[J]. Oncogene, 2020, 39(35): 5768-5781.

SHI Y, LIU J B, DENG J, et al. The role of ceRNA-mediated diagnosis and therapy in hepatocellular carcinoma[J]. Hereditas, 2021, 158(1): 44.

Siegel R L, Miller K D, Fuchs H E, et al. Cancer statistics, 2022[J]. CA Cancer J Clin, 2022, 72(1): 7-33.

Song L N, Qiao G L, Yu J, et al. Hsa_circ_0003998 promotes epithelial to mesenchymal transition of hepatocellular carcinoma by sponging miR-

143 - 3p and PCBP1[J]. J Exp Clin Cancer Res, 2020, 39(1): 114.

Song S, Sun K, Dong J, et al. microRNA - 29a regulates liver tumor-initiating cells expansion via Bcl - 2 pathway[J]. Exp Cell Res, 2020, 387(2): 111781.

Song W, Zheng C, Liu M, et al. TRERNA1 upregulation mediated by HBx promotes sorafenib resistance and cell proliferation in HCC via targeting NRAS by sponging miR - 22 - 3p[J]. Mol Ther, 2021, 29(8): 2601 - 2616.

Song Z, Yu Z, Chen L, et al. MicroRNA - 1181 supports the growth of hepatocellular carcinoma by repressing AXIN1[J]. Biomed Pharmacother, 2019, 119: 109397.

Sui J, Yang X, Qi W, et al. Long Non-Coding RNA Linc - USP16 Functions As a Tumour Suppressor in Hepatocellular Carcinoma by Regulating PTEN Expression[J]. Cell Physiol Biochem, 2017, 44(3): 1188 - 1198.

Sun J, Liu L, Zou H, et al. The Long Non-Coding RNA CASC2 Suppresses Cell Viability, Migration, and Invasion in Hepatocellular Carcinoma Cells by Directly Downregulating miR - 183[J]. Yonsei Med J, 2019, 60(10): 905 - 913.

Sun K, Wang H, Zhang D, et al. Depleting circ_0088364 restrained cell growth and motility of human hepatocellular carcinoma via circ_0088364 - miR - 1270 - COL4A1 ceRNA pathway[J]. Cell Cycle, 2022, 21(3): 261 - 275.

Sun Z, Zhao L, Wang S, et al. Knockdown of long non-coding RNA LINC01006 represses the development of hepatocellular carcinoma by modulating the miR - 194 - 5p/CADM1 axis[J]. Ann Hepatol, 2022, 27 Suppl 1: 100571.

Teng F, Zhang J X, Chang Q M, et al. LncRNA MYLK - ASI facilitates tumor progression and angiogenesis by targeting miR - 424 - 5p/E2F7 axis and activating VEGFR - 2 signaling pathway in hepatocellular carcinoma[J]. J Exp Clin Cancer Res, 2020, 39(1): 235.

Tao T, Xiao F, Jun L, et al. MicroRNA – 760 Inhibits Doxorubicin Resistance in Hepatocellular Carcinoma through Regulating Notch1/Hes1 – PTEN/Akt Signaling Pathway [J]. J Biochem Mol Toxicol, 2018, 32(8): e22167.

Tuck A, Tollervey D. RNA in pieces[J]. Trends Genet, 2011, 27(10): 422 – 432.

Wang K, Sun D. Cancer stem cells of hepatocellular carcinoma [J]. Oncotarget, 2018, 9(33): 23306 – 23314.

Wang L, Li B, Yi X, et al. Circ_0036412 affects the proliferation and cell cycle of hepatocellular carcinoma via hedgehog signaling pathway [J]. J Transl Med, 2022, 20(1): 154.

Wang L, Sun L, Liu R, et al. Long non-coding RNA MAPKAPK5 – AS1/PLAGL2/HIF – 1alpha signaling loop promotes hepatocellular carcinoma progression [J]. J Exp Clin Cancer Res, 2021, 40(1): 72.

Wang L, Li X, Zhang W, et al. miR24 – 2 Promotes Malignant Progression of Human Liver Cancer Stem Cells by Enhancing Tyrosine Kinase Src Epigenetically[J]. Mol Ther, 2020, 28(2): 572 – 586.

Wang L, Cui M, Cheng D, et al. miR – 9 – 5p facilitates hepatocellular carcinoma cell proliferation, migration and invasion by targeting ESR1 [J]. Mol Cell Biochem, 2021, 476(2): 575 – 583.

Wang Q, Zhang F, Lei Y, et al. microRNA – 322/424 promotes liver fibrosis by regulating angiogenesis through targeting CUL2/HIF – 1alpha pathway [J]. Life Sci, 2021, 266: 118819.

Wang R, Yu Z, Chen F, et al. miR – 300 regulates the epithelial-mesenchymal transition and invasion of hepatocellular carcinoma by targeting the FAK/PI3K/AKT signaling pathway [J]. Biomed Pharmacother, 2018, 103: 1632 – 1642.

Wang X, Zhao D, Xie H, et al. Interplay of long non-coding RNAs and HIF – 1alpha: A new dimension to understanding hypoxia-regulated tumor growth and metastasis[J]. Cancer Lett, 2021, 499: 49 – 59.

Wang X L, Shi M, Xiang T, et al. Long noncoding RNA DGCR5 represses hepatocellular carcinoma progression by inactivating Wnt signaling pathway[J]. J Cell Biochem, 2019, 120(1): 275-282.

Wang Y, Tai Q, Zhang J, et al. MiRNA-206 inhibits hepatocellular carcinoma cell proliferation and migration but promotes apoptosis by modulating cMET expression[J]. Acta Biochim Biophys Sin (Shanghai), 2019, 51(3): 243-253.

Wang Y G, Wang T, Ding M, et al. hsa_circ_0091570 acts as a ceRNA to suppress hepatocellular cancer progression by sponging hsa-miR-1307 [J]. Cancer Lett, 2019, 460: 128-138.

Wei H, Xu Z, Chen L, et al. Long non-coding RNA PAARH promotes hepatocellular carcinoma progression and angiogenesis via upregulating HOTTIP and activating HIF-1alpha/VEGF signaling[J]. Cell Death Dis, 2022, 13(2): 102.

Wen Y, Zhou X, Lu M, et al. Bclaf1 promotes angiogenesis by regulating HIF-1alpha transcription in hepatocellular carcinoma[J]. Oncogene, 2019, 38(11): 1845-1859.

Wong C M, Tsang F H, NgI O. Non-coding RNAs in hepatocellular carcinoma: molecular functions and pathological implications[J]. Nat Rev Gastroenterol Hepatol, 2018, 15(3): 137-151.

Wu Y, Zhang M, Bi X, et al. ESR1 mediated circ_0004018 suppresses angiogenesis in hepatocellular carcinoma via recruiting FUS and stabilizing TIMP2 expression[J]. Exp Cell Res, 2021, 408(2): 112804.

Wu Y, Yang X, Jiang G, et al. 5′-tRF-GlyGCC: a tRNA-derived small RNA as a novel biomarker for colorectal cancer diagnosis[J]. Genome Med, 2021, 13(1): 20.

Xiao L, Wang J, Ju S, et al. Disorders and roles of tsRNA, snoRNA, snRNA and piRNA in cancer[J]. J Med Genet, 2022, 59(7): 623-631.

Xin Y, Yang X, Xiao J, et al. MiR-135b promotes HCC tumorigenesis through a positive-feedback loop[J]. Biochem Biophys Res Commun,

2020, 530(1): 259-265.

Xue S, Lu F, Sun C, et al. LncRNA ZEB1 - AS1 regulates hepatocellular carcinoma progression by targeting miR - 23c[J]. World J Surg Oncol, 2021, 19(1): 121.

Xu G, Zhu Y, Liu H, et al. LncRNA MIR194 - 2HG Promotes Cell Proliferation and Metastasis via Regulation of miR - 1207 - 5p/TCF19/Wnt/beta - Catenin Signaling in Liver Cancer [J]. Onco Targets Ther, 2020, 13: 9887 - 9899.

Xu W, Zhou B, Wang J, et al. tRNA - Derived Fragment tRF - Glu - TTC - 027 Regulates the Progression of Gastric Carcinoma via MAPK Signaling Pathway[J]. Front Oncol, 2021, 11: 733763.

Yang J, Antin P, Berx G, et al. Guidelines and definitions for research on epithelial-mesenchymal transition[J]. Nat Rev Mol Cell Biol, 2020, 21(6): 341-352.

Yang L, Jiang J. GAS5 Regulates RECK Expression and Inhibits Invasion Potential of HCC Cells by Sponging miR - 135b[J]. Biomed Res Int, 2019, 2019: 2973289.

Yang Q, Zhang L, Zhong Y, et al. miR - 206 inhibits cell proliferation, invasion, and migration by down-regulating PTP1B in hepatocellular carcinoma[J]. Biosci Rep, 2019, 39(5).

Yang X, Jiang Z, Li Y, et al. Non-coding RNAs regulating epithelial-mesenchymal transition: Research progress in liver disease[J]. Biomed Pharmacother, 2022, 150: 112972.

Yang Y, Song S, Meng Q, et al. miR24 - 2 accelerates progression of liver cancer cells by activating Pim1 through tri-methylation of Histone H3 on the ninth lysine[J]. J Cell Mol Med, 2020, 24(5): 2772 - 2790.

Yang Y, Yang Z, Zhang R, et al. MiR - 27a - 3p enhances the cisplatin sensitivity in hepatocellular carcinoma cells through inhibiting PI3K/Akt pathway[J]. Biosci Rep, 2021, 41(12): BSR20192007.

Yao Y, Shu F, Wang F, et al. Long noncoding RNA LINC01189 is associated with HCV – hepatocellular carcinoma and regulates cancer cell proliferation and chemoresistance through hsa – miR – 155 – 5p[J]. Ann Hepatol,2021,22:100269.

Yasukawa K,Liew L C,Hagiwara K, et al. MicroRNA – 493 – 5p – mediated repression of the MYCN oncogene inhibits hepatic cancer cell growth and invasion[J]. Cancer Sci,2020, 111(3):869 – 880.

Yin D, Hu Z Q, Luo C B, et al. LINC01133 promotes hepatocellular carcinoma progression by sponging miR – 199a – 5p and activating annexin A2[J]. Clin Transl Med, 2021, 11(5):e409.

Yin L, Chen Y, Zhou Y, et al. Increased long noncoding RNA LASP1 – AS is critical for hepatocellular carcinoma tumorigenesis via upregulating LASP1[J]. J Cell Physiol, 2019, 234(8):13493 – 13509.

Yuan D, Chen Y, Li X, et al. Long Non-Coding RNAs: Potential Biomarkers and Targets for Hepatocellular Carcinoma Therapy and Diagnosis[J]. Int J Biol Sci,2021, 17(1):220 – 235.

Yu B. Shan G. Functions of long noncoding RNAs in the nucleus [J]. Nucleus, 2016, 7(2):155 – 66.

Yu Y, Yang J, Li Q, et al. LINC00152:A pivotal oncogenic long non-coding RNA in human cancers[J]. Cell Prolif, 2017, 50(4):e12349.

Zan Y, Wang B, Liang L, et al. MicroRNA – 139 inhibits hepatocellular carcinoma cell growth through down-regulating karyopherin alpha 2[J]. J Exp Clin Cancer Res, 2019, 38(1):182.

Zeng C, Yuan G, Hu Y, et al. Repressing phosphatidylinositol – 4, 5 – bisphosphate 3 – kinase catalytic subunit gamma by microRNA – 142 – 3p restrains the progression of hepatocellular carcinoma [J]. Bioengineered, 2022, 13(1):1491 – 1506.

Zeng Y, Xu Q, Xu N. Long non-coding RNA LOC107985656 represses the proliferation of hepatocellular carcinoma cells through activation of the tumor-suppressive Hippo pathway [J]. Bioengineered, 2021, 12(1):7964 – 7974.

Zeng Z, Shi Z, Liu Y, et al. HIF-1alpha-activated TM4SF1-AS1 promotes the proliferation, migration, and invasion of hepatocellular carcinoma cells by enhancing TM4SF1 expression[J]. Biochem Biophys Res Commun, 2021, 566: 80-86.

Zhang A, Lakshmanan J, Motameni A, et al. MicroRNA-203 suppresses proliferation in liver cancer associated with PIK3CA, p38 MAPK, c-Jun, and GSK3 signaling[J]. Mol Cell Biochem, 2018, 441(1-2): 89-98.

Zhang C, Zhang Q, Li H, et al. miR-1229-3p as a Prognostic Predictor Facilitates Cell Viability, Migration, and Invasion of Hepatocellular Carcinoma[J]. Horm Metab Res, 2021, 53(11): 759-766.

Zhang D Y, Zou X J, Cao C H, et al. Identification and Functional Characterization of Long Non-coding RNA MIR22HG as a Tumor Suppressor for Hepatocellular Carcinoma[J]. Theranostics, 2018, 8(14): 3751-3765.

Zhang J F. MicroRNA-216b suppresses the cell growth of hepatocellular carcinoma by inhibiting Ubiquitin-specific peptidase 28 expression[J]. Kaohsiung J Med Sci, 2020, 36(6): 423-428.

Zhang L, Chang S, Zhao Y, et al. MicroRNA-4317 suppresses the progression of hepatocellular carcinoma by targeting ZNF436-mediated PI3K/AKT signaling pathway[J]. Tissue Cell, 2022, 74: 101696.

Zhang M, Li F, Wang L, et al. tRNA-derived fragment tRF-03357 promotes cell proliferation, migration and invasion in high-grade serous ovarian cancer[J]. Onco Targets Ther, 2019, 12: 6371-6383.

Zhang Q, Zhang J, Fu Z, et al. Hypoxia-induced microRNA-10b-3p promotes esophageal squamous cell carcinoma growth and metastasis by targeting TSGA10[J]. Aging (Albany NY), 2019, 11(22): 10374-10384.

Zhang Q, Yan Q, Yang H, et al. Oxygen sensing and adaptability won the 2019 Nobel Prize in Physiology or medicine[J]. Genes Dis, 2019, 6(4): 328-332.

Zhang X, Xie K, Zhou H, et al. Role of non-coding RNAs and RNA modifiers in cancer therapy resistance[J]. Mol Cancer, 2020, 19(1): 47.

Zhang X, Meng T, Cui S, et al. Roles of ubiquitination in the crosstalk between tumors and the tumor microenvironment (Review) [J]. Int J Oncol, 2022, 61(1): 84.

Zhao Y, Ye L, Yu Y. MicroRNA-126-5p suppresses cell proliferation, invasion and migration by targeting EGFR in liver cancer[J]. Clin Res Hepatol Gastroenterol, 2020, 44(6): 865-873.

Zheng J, Cheng D, Wu D, et al. MiR-452-5p mediates the proliferation, migration and invasion of hepatocellular carcinoma cells via targeting COLEC10 [J]. Per Med, 2021, 18(2): 97-106.

Zheng S S, Chen X H, Yin X, et al. Prognostic significance of HIF-1 alpha expression in hepatocellular carcinoma: a meta-analysis[J]. PLoS One, 2013, 8(6): e65753.

Zhou K, Diebel K. Holy L, et al. A tRNA fragment, tRF5-Glu, regulates BCAR3 expression and proliferation in ovarian cancer cells [J]. Oncotarget, 2017, 8(56): 95377-95391.

Zhou Y, Li K, Zou X, et al. LncRNA DHRS4-AS1 ameliorates hepatocellular carcinoma by suppressing proliferation and promoting apoptosis via miR-522-3p/SOCS5 axis[J]. Bioengineered, 2021, 12(2): 10862-10877.

Zhu H, Zhang H, Pei Y, et al. Long non-coding RNA CCDC183-AS1 acts AS a miR-589-5p sponge to promote the progression of hepatocellular carcinoma through regulating SKP1 expression[J]. J Exp Clin Cancer Res, 2021, 40(1): 57.